文章題(ぶんしょうだい)のたからさがし

1ページ　おわるごとに　シールを　1つずつ
じゅん番に　はろう！
ぜんぶ

う！

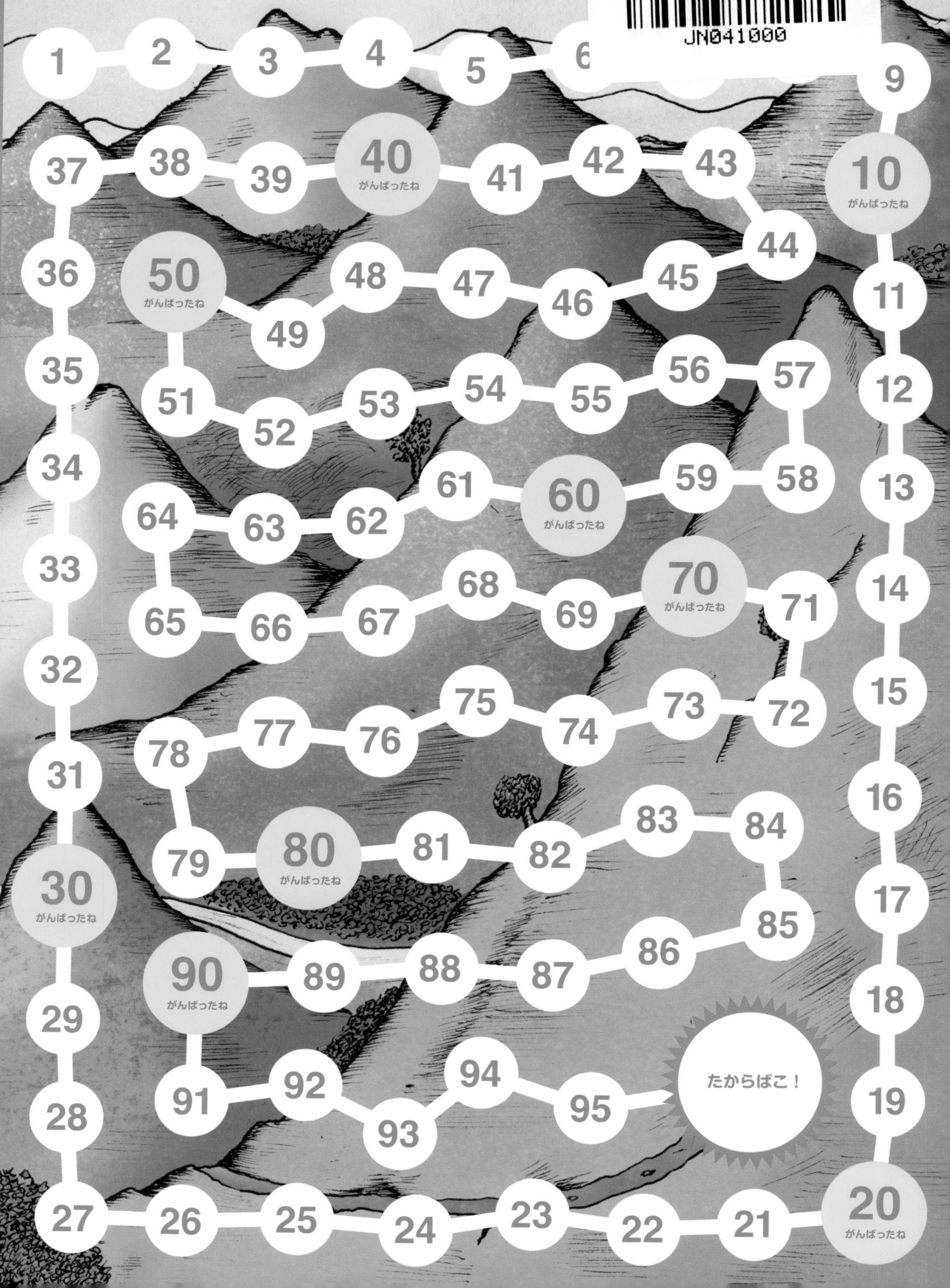

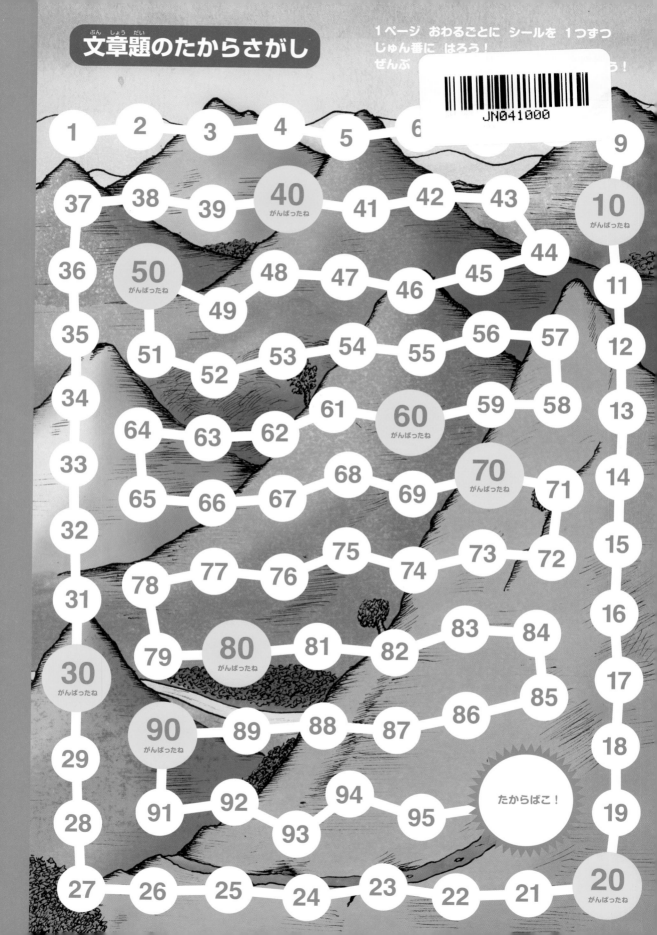

このドリルの特長と使い方

このドリルは，「文章から式を立てる力を養う」ことを目的としたドリルです。単元ごとに「理解するページ」と「くりかえし練習するページ」をもうけて，段階的に問題の解き方を学ぶことができます。

① りかい

式の立て方を理解するページです。式の立て方のヒントが載っていますので，これにそって問題の解き方を学習しましょう。
ヒントは段階的になっていますので，無理なくレベルアップできます。

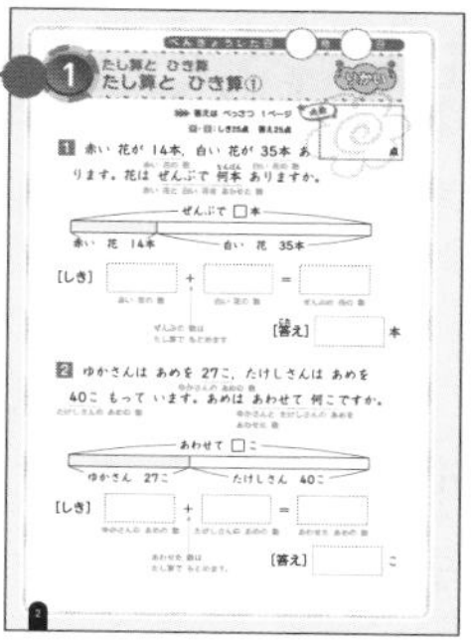

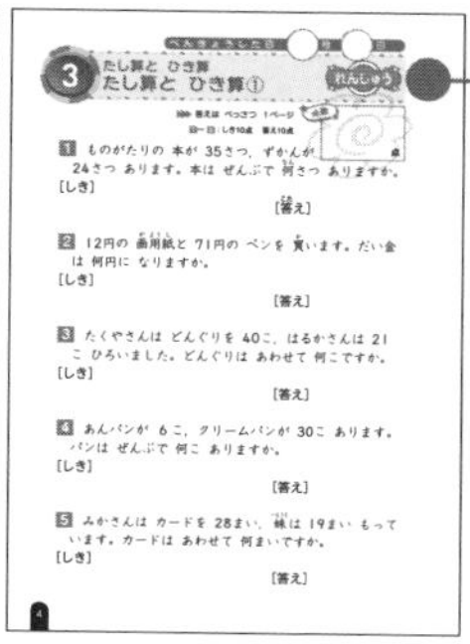

② れんしゅう

「理解」で学習したことを身につけるために，くりかえし練習するページです。「理解」で学習したことを思い出しながら問題を解いていきましょう。

③ チャレンジ

間違えやすい問題は，別に単元を設けています。こちらも「理解」→「練習」と段階をふんでいますので，重点的に学習することができます。

もくじ

編集協力／NaNa　校正／㈱東京出版サービスセンター　装丁デザイン／株式会社しろいろ
装丁イラスト／山内和朗　シールイラスト／北田哲也　本文デザイン／大滝奈緒子（ブラン・グラフ）　本文イラスト／西村博子

1 たし算と　ひき算
たし算と　ひき算①

りかい

▶▶▶答えは　べっさつ　1ページ

点数　　点

1・**2**：しき25点　答え25点

1 赤い　花が　14本（赤い　花の　数），白い　花が　35本（白い　花の　数）あります。花は　ぜんぶで　何本（なんぼん）（赤い　花と　白い　花を　あわせた　数）ありますか。

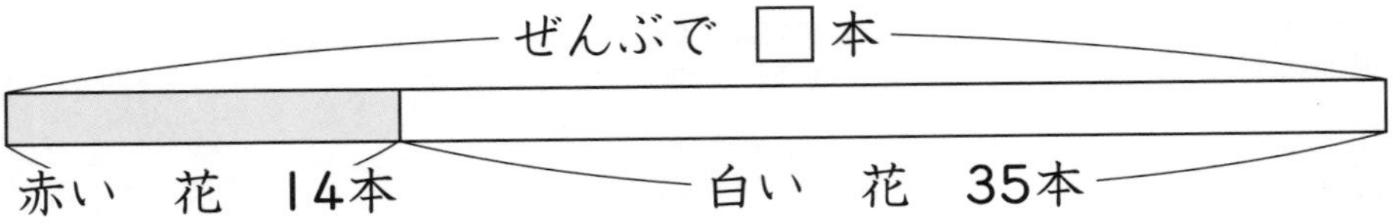

[しき]　□（赤い　花の　数）＋□（白い　花の　数）＝□（ぜんぶの　花の　数）

ぜんぶの　数は　たし算で　もとめます。

[答（こた）え]　□本

2 ゆかさんは　あめを　27こ（ゆかさんの　あめの　数），たけしさんは　あめを　40こ（たけしさんの　あめの　数）もって　います。あめは　あわせて　何こ（ゆかさんと　たけしさんの　あめを　あわせた　数）ですか。

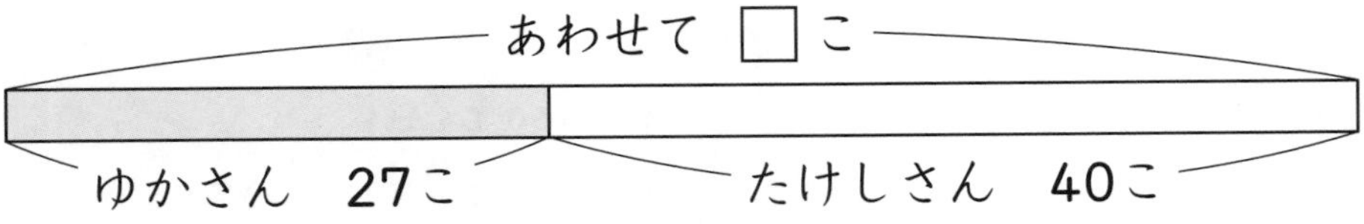

[しき]　□（ゆかさんの　あめの　数）＋□（たけしさんの　あめの　数）＝□（あわせた　あめの　数）

あわせた　数は　たし算で　もとめます。

[答え]　□こ

2 たし算と ひき算

たし算と ひき算①

りかい

▶▶▶ 答えは べっさつ 1ページ

点数　　点

1・**2**：しき25点　答え25点

1 公園(こうえん)に 子どもが 32人 います。後(あと)から 6人 来(き)ました。子どもは みんなで 何人(なんにん)に なりましたか。

（32人：はじめに いた 子どもの 数）
（6人：後から 来た 子どもの 数）
（何人：はじめに いた 子どもと 後から 来た 子どもを あわせた 数）

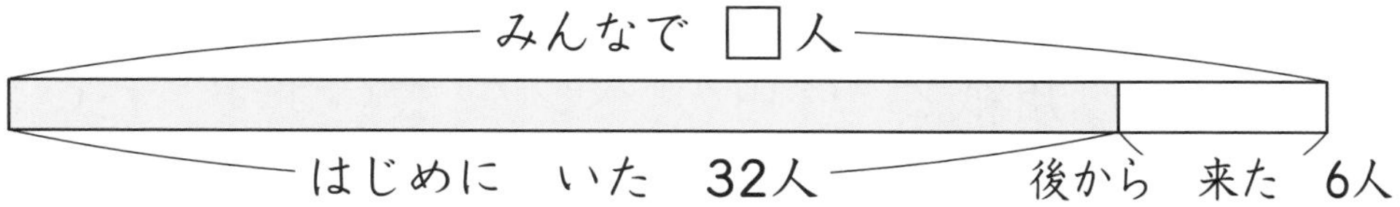

[しき] □ ＋ □ ＝ □

[答(こた)え] □ 人

2 色紙(いろがみ)が 58まい あります。今日(きょう) 17まい 買(か)いました。色紙は ぜんぶで 何まいに なりましたか。

（58まい：はじめの 色紙の 数）
（17まい：買った 色紙の 数）
（ぜんぶで 何まい：はじめの 色紙と 買った 色紙を あわせた数）

[しき] □ ＋ □ ＝ □

[答え] □ まい

べんきょうした日　　月　　日

3 たし算と ひき算
たし算と ひき算①

れんしゅう

▶▶▶ 答えは べっさつ 1ページ

1～5：しき10点　答え10点

点数　　点

1 ものがたりの 本が 35さつ，ずかんが 24さつ あります。本は ぜんぶで 何(なん)さつ ありますか。

[しき]

[答(こた)え]

2 12円の 画用紙(がようし)と 71円の ペンを 買(か)います。だい金は 何円に なりますか。

[しき]

[答え]

3 たくやさんは どんぐりを 40こ，はるかさんは 21こ ひろいました。どんぐりは あわせて 何こですか。

[しき]

[答え]

4 あんパンが 6こ，クリームパンが 30こ あります。パンは ぜんぶで 何こ ありますか。

[しき]

[答え]

5 みかさんは カードを 28まい，妹(いもうと)は 19まい もって います。カードは あわせて 何まいですか。

[しき]

[答え]

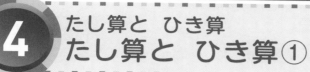

4 たし算と ひき算

たし算と ひき算①

れんしゅう

▶▶▶ 答えは べっさつ 1ページ

1～4：しき15点　答え10点

点数　　点

1 みかんが 82こ あります。4こ 買う と，みかんは ぜんぶで 何こに なりますか。

[しき]

[答え]

2 あやかさんは シールを 37まい もって います。友だちから 15まい もらうと，シールは ぜんぶで 何まいに なりますか。

[しき]

[答え]

3 こうきさんは きのうまでに あきかんを 68こ ひろいました。今日 27こ ひろうと，あきかんは ぜんぶで 何こに なりますか。

[しき]

[答え]

4 ちゅう車場に 車が 46台 とまって います。後から 18台 入って きました。車は ぜんぶで 何台に なりましたか。

[しき]

[答え]

べんきょうした日　　月　　日

5 たし算と ひき算
たし算と ひき算②

りかい

▶▶▶ 答えは べっさつ 2ページ

点数　　点

1・2：しき25点　答え25点

1 2年1組(くみ)の 人数(にんずう)は 28人です。2組の 人数は，1組の 人数より 4人 多(おお)いです。2組の 人数は 何人(なんにん)ですか。

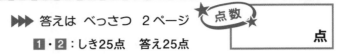

（28人：1組の 人数）（4人 多い：2組の ほうが 多い）

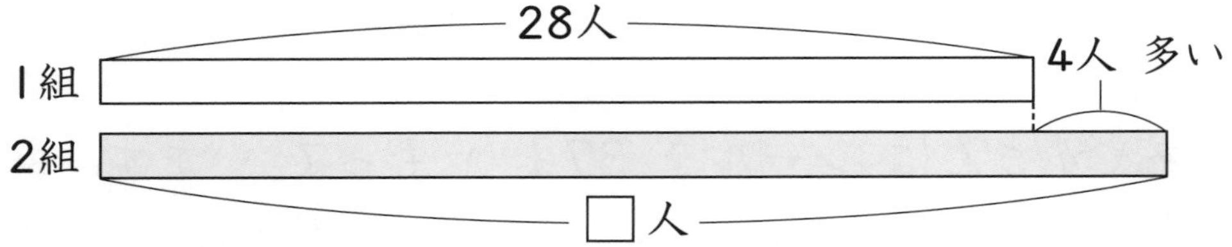

[しき] □ ＋ □ ＝ □

（1組の 人数）（2組が 何人 多いか）（2組の 人数）

[答(こた)え] □ 人

2 りんごが 49こ あります。みかんは，りんごより 21こ 多いそうです。みかんは 何こ ありますか。

（49こ：りんごの 数）（21こ 多い：みかんの ほうが 多い）

[しき] □ ＋ □ ＝ □

（りんごの 数）（みかんが 何こ 多いか）（みかんの 数）

[答え] □ こ

べんきょうした日　　月　　日

6 たし算と ひき算
たし算と ひき算②

りかい

▶▶▶ 答えは べっさつ 2ページ

点数　　点

1・2：しき25点　答え25点

1 画用紙(がようし)が 35まい あります。色紙(いろがみ)は，画用紙より 16まい 多(おお)いそうです。色紙は 何(なん)まい ありますか。

（35まい：画用紙の 数）（16まい 多い：色紙の ほうが 多い）

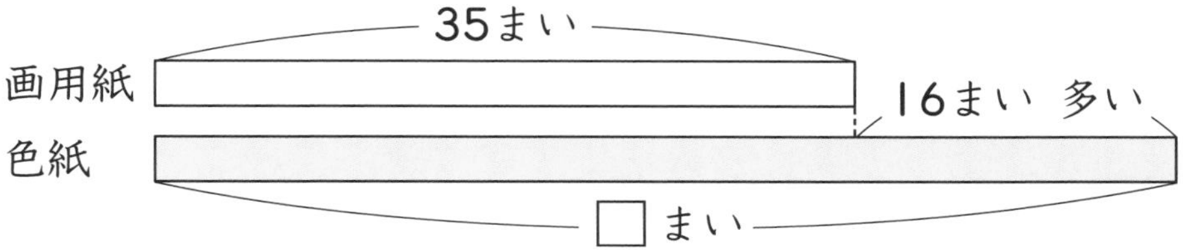

[しき] □ ＋ □ ＝ □

[答(こた)え] □ まい

2 やさいジュースが 7本 あります。ぶどうジュースは，やさいジュースより 55本 多いそうです。ぶどうジュースは 何本 ありますか。

（7本：やさいジュースの 数）（55本 多い：ぶどうジュースの ほうが 多い）

[しき] □ ＋ □ ＝ □

[答え] □ 本

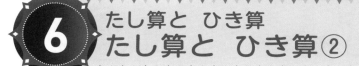

べんきょうした日　　月　　日

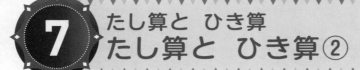

7 たし算と　ひき算
たし算と　ひき算②

れんしゅう

▶▶▶ 答えは　べっさつ　2ページ

1～4：しき15点　答え10点

点数　　点

1 さおりさんは，きのう　クッキーを　33まい　やきました。今日（きょう）は，きのうより　27まい　多（おお）く　やきました。今日　やいた　クッキーは　何（なん）まいですか。

[しき]

[答（こた）え]

2 24円の　ガムが　あります。チョコレートは，ガムより　58円　高（たか）いそうです。チョコレートの　ねだんは　何円ですか。

[しき]

[答え]

3 なわとびを　しました。ちなつさんは　56回（かい）　とびました。お姉（ねえ）さんは，ちなつさんより　35回　多く　とんだそうです。お姉さんは　何回　とびましたか。

[しき]

[答え]

4 ピーマンが　17こ　あります。たまねぎは，ピーマンより　28こ　多いそうです。たまねぎは　何こ　ありますか。

[しき]

[答え]

8 たし算と ひき算
たし算と ひき算③

りかい

▶▶▶ 答えは べっさつ 2ページ

点数　　点

1・2：しき25点　答え25点

1 79円 もって います。51円の けしゴムを 買(か)うと，のこりは 何円(なんえん)ですか。

（79円：もって いる お金）（51円の：けしゴムの ねだん）（のこりは 何円：けしゴムを 買った 後に のこる お金）

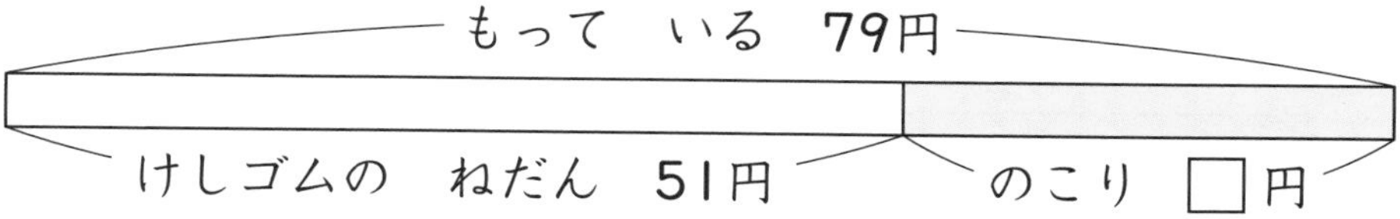

[しき] □ － □ ＝ □

もって いる お金　けしゴムの ねだん　のこりの お金

のこりの 数は ひき算で もとめます。

[答(こた)え] □ 円

2 おはじきが 50こ あります。友(とも)だちに 20こ あげると，のこりは 何こですか。

（50こ：はじめの おはじきの 数）（20こ：あげる おはじきの 数）（のこりは 何こ：友だちに あげた 後に のこる おはじきの 数）

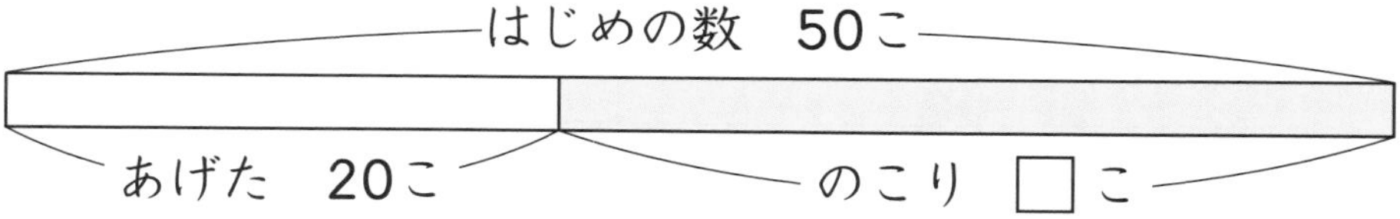

[しき] □ － □ ＝ □

はじめの おはじきの 数　あげる おはじきの 数　のこりの おはじきの 数

のこりの 数は ひき算で もとめます。

[答え] □ こ

9 たし算と ひき算
たし算と ひき算③

りかい

▶▶▶ 答えは べっさつ 3ページ

点数　　点

1・**2**：しき25点　答え25点

1 いちごがりに 行きました。さとみさんは 56こ，まさとさんは 37こ つみました。どちらが 何こ 多く つみましたか。

（56こ：さとみさんの いちごの 数　37こ：まさとさんの いちごの 数　どちらが：さとみさんと まさとさんの　何こ 多く：いちごの 数の ちがい）

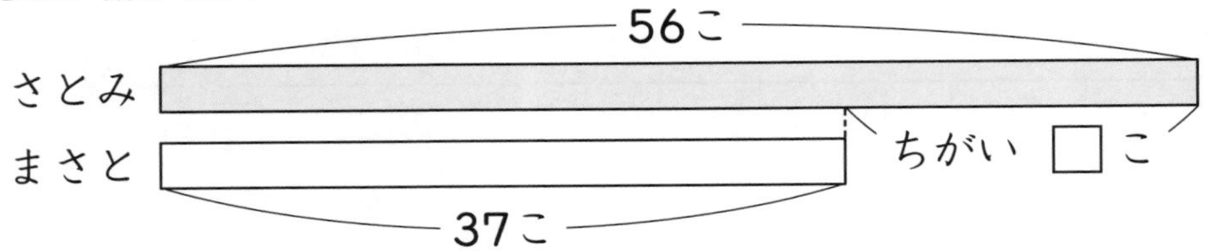

[しき] □ − □ ＝ □

[答え] □ が □ こ 多く つんだ。

2 みくさんは シールを 62まい，妹は 17まい もって います。どちらが 何まい 多いですか。

（62まい：みくさんの シールの 数　17まい：妹の シールの 数　どちらが 何まい 多い：みくさんと 妹の シールの 数の ちがい）

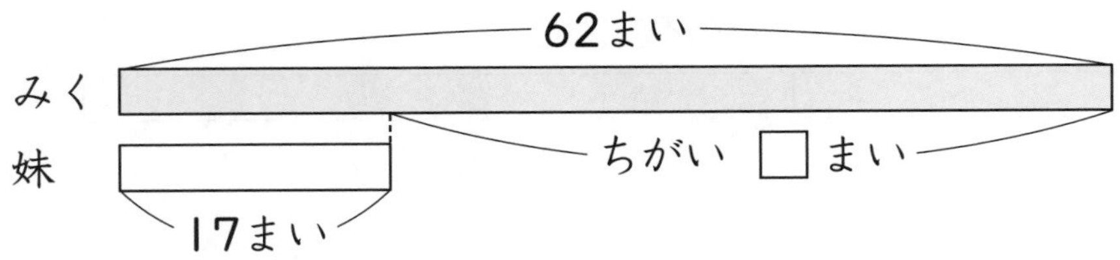

[しき] □ − □ ＝ □

[答え] □ が □ まい 多い。

10 たし算と ひき算
たし算と ひき算③

れんしゅう

▶▶▶ 答えは べっさつ 3ページ

1～5：しき10点　答え10点

点数　　点

1 公園(こうえん)に 子どもが 48人 います。36人 帰(かえ)ると，のこりは 何人(なんにん)ですか。

[しき]

[答(こた)え]

2 ゆりさんは，94ページ ある 本を 読(よ)んで います。きのうまでに 51ページ 読みおわりました。のこりは 何ページですか。

[しき]

[答え]

3 ちゅう車場(しゃじょう)に 車が 86台(だい) とまって います。60台 出て いくと，のこりは 何台ですか。

[しき]

[答え]

4 みほさんは，花を 39本 もって います。お母(かあ)さんに 7本 あげると，のこりは 何本ですか。

[しき]

[答え]

5 びんせんが 75まい あります。25まい つかうと，のこりは 何まいですか。

[しき]

[答え]

べんきょうした日　　月　　日

11 たし算と ひき算
たし算と ひき算③

れんしゅう

▶▶▶ 答えは べっさつ 3ページ

1～4：しき15点　答え10点

点数　　点

1 なわとびを しました。ゆうじさんは 85回(かい)，あきさんは 57回 とびました。どちらが 何回(なんかい) 多(おお)く とびましたか。

[しき]

[答(こた)え]　　　が　　　多く とんだ。

2 なしが 43こ，ももが 26こ あります。どちらが 何こ 多いですか。

[しき]

[答え]　　　が　　　多い。

3 かるたとりを しました。ゆきさんは 64まい，弟(おとうと)は 18まい とりました。どちらが 何まい 多く とりましたか。

[しき]

[答え]　　　が　　　多く とった。

4 えんぴつの ねだんは 39円，けしゴムの ねだんは 91円です。どちらが 何円 高(たか)いですか。

[しき]

[答え]　　　が　　　高い。

12 たし算と ひき算
たし算と ひき算④

りかい

▶▶▶ 答えは べっさつ 3ページ

点数　　点

1・**2**：しき25点　答え25点

1 西(にし)小学校の 2年生は 93人で，そのうち 女の子は 45人です。男の子は 何人(なんにん)ですか。

（93人：2年生 ぜんぶの 人数）（45人：2年生の 女の子の 人数）

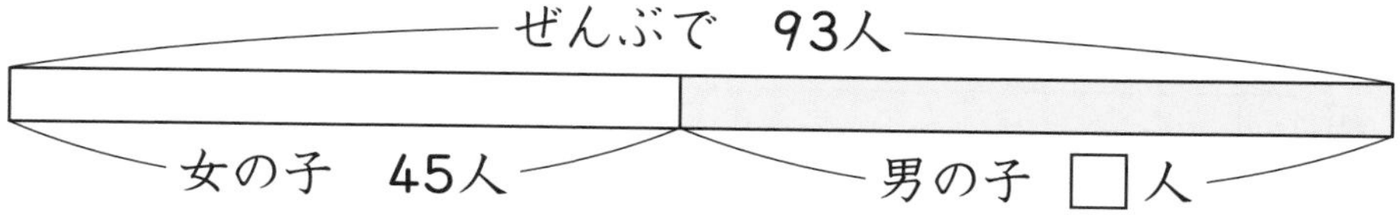

[しき] □ − □ ＝ □

2年生 ぜんぶの 人数　2年生の 女の子の 人数　2年生の 男の子の 人数

ぜんぶの 人数から 女の子の 人数を ひいて もとめます。

[答(こた)え] □ 人

2 花が 50本 あります。そのうち，さいて いるのは 23本です。さいて いない 花は 何本ですか。

（50本：ぜんぶの 花の 数）（23本：さいて いる 花の 数）

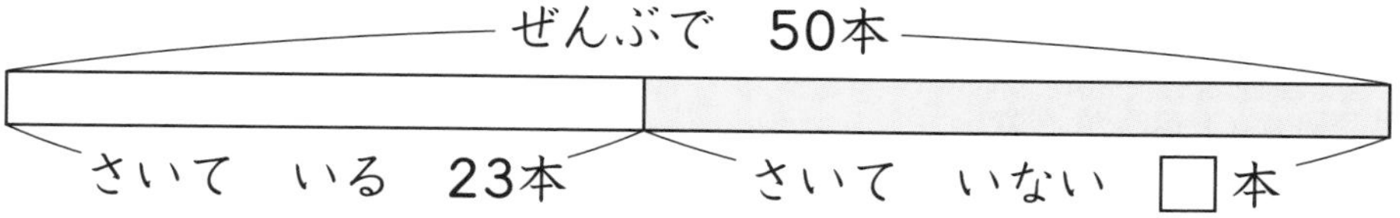

[しき] □ − □ ＝ □

ぜんぶの 花の 数　さいて いる 花の 数　さいて いない 花の 数

ぜんぶの 花の 数から さいて いる 花の 数を ひいて もとめます。

[答え] □ 本

べんきょうした日　　月　　日

13 たし算と ひき算
たし算と ひき算④

りかい

▶▶▶ 答えは べっさつ 4ページ

点数　　点

1・2：しき25点　答え25点

1 玉入れを しました。赤組は 70こで，白組は 赤組より 36こ 少ないです。白組は 何こでしたか。

（70こ：赤組の 玉の 数）（36こ 少ない：白組の ほうが 少ない）

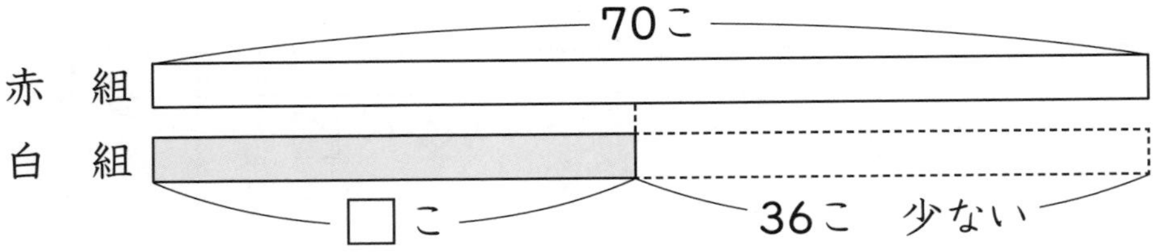

[しき] □ − □ = □

[答え] □ こ

2 赤い 花が 52本 あります。黄色い 花は，赤い 花より 47本 少ないです。黄色い 花は 何本ですか。

（52本：赤い 花の 数）（47本 少ない：黄色い 花の ほうが 少ない）

[しき] □ − □ = □

[答え] □ 本

14 たし算と ひき算
たし算と ひき算④

れんしゅう

▶▶▶答えは べっさつ 4ページ

点数　　点

1〜4：しき15点　答え10点

1 赤い ボールと 白い ボールが，あわせて 70こ あります。赤い ボールは 19こです。白い ボールは 何(なん)こ ありますか。

[しき]

[答(こた)え]

2 図書(としょ)かんに，おとなと 子どもが あわせて 65人 います。おとなは 36人です。子どもは 何人 いますか。

[しき]

[答え]

3 ケーキを 32こ 作(つく)って 売(う)ったら，17こ 売れのこりました。売れた ケーキは 何こですか。

[しき]

[答え]

4 タオルが 46まい あります。そのうち，つかって いない タオルは 38まいです。つかった タオルは 何まいですか。

[しき]

[答え]

べんきょうした日　　月　　日

15 たし算と ひき算
たし算と ひき算④

れんしゅう

▶▶▶答えは べっさつ 4ページ

点数　　点

1～4：しき15点　答え10点

1 ひろきさんの お父さんは 43才です。お母さんは，お父さんより 6才 年下だそうです。お母さんは 何才ですか。

[しき]

[答え]

2 西小学校の 2年生は 80人です。東小学校の 2年生は，西小学校の 2年生より 12人 少ないそうです。東小学校の 2年生は 何人ですか。

[しき]

[答え]

3 ともみさんは，カードを 55まい もって います。かずきさんが もって いる カードの 数は，ともみさんより 27まい 少ないそうです。かずきさんは カードを 何まい もって いますか。

[しき]

[答え]

4 ノートの ねだんは 91円です。画用紙の ねだんは，ノートより 46円 やすいそうです。画用紙の ねだんは 何円ですか。

[しき]

[答え]

16 たし算と　ひき算の　まとめ①
ねこが とって いった ものは 何？

答えは べっさつ 4ページ

ねこに　おかずを　とられて　しまいました。
ねこが　とって　いった　おかずは　何（なん）でしょう？
もんだいを　といて，答（こた）えの　数字（すうじ）が　大きい
じゅんに　ひらがなを　ならべて　みましょう。

りんごが 9こ，みかんが 16こ あります。
ちがいは 何こですか。

□こ　　な

あめは 15円です。チョコレートは あめより 12円
高（たか）いそうです。チョコレートは 何円ですか。

□円　　さ

子どもが 20人 います。男の子は 8人です。
女の子は 何人ですか。

□人　　か

答え　□□□

17 たし算と ひき算
たし算と ひき算⑤

りかい

▶▶▶答えは べっさつ 5ページ

点数　　点

1・2：しき25点　答え25点

1 赤い シールが 75まい，黄色(きいろ)い シールが 41まい あります。シールは ぜんぶで 何(なん)まい ありますか。

（75まい：赤い シールの 数）（41まい：黄色い シールの 数）（ぜんぶで 何まい：赤い シールと 黄色い シールを あわせた数）

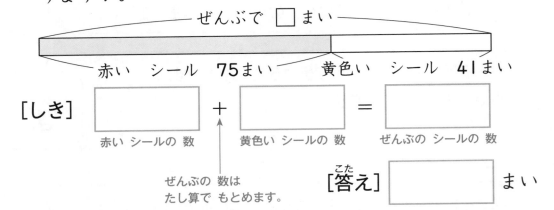

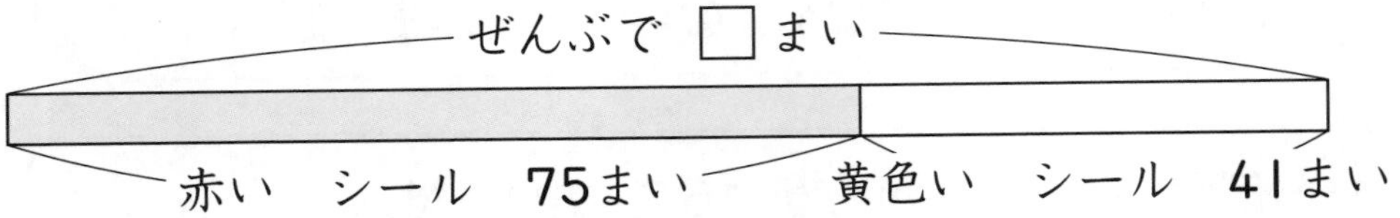

[しき] □ ＋ □ ＝ □

（赤い シールの 数）（黄色い シールの 数）（ぜんぶの シールの 数）

ぜんぶの 数は
たし算で もとめます。

[答(こた)え] □ まい

2 かずやさんの 学校の 1年生は 83人で，2年生は 92人です。1年生と 2年生は あわせて 何人ですか。

（83人：1年生の 人数）（92人：2年生の 人数）（あわせて 何人：1年生と 2年生を あわせた 人数）

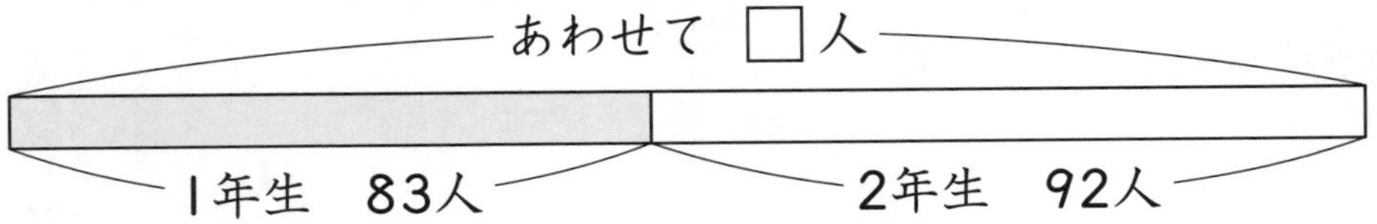

[しき] □ ＋ □ ＝ □

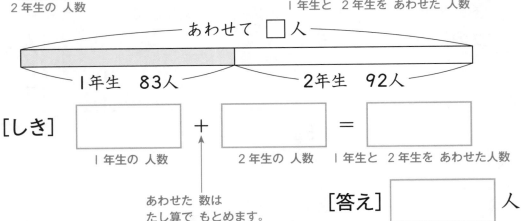

（1年生の 人数）（2年生の 人数）（1年生と 2年生を あわせた人数）

あわせた 数は
たし算で もとめます。

[答え] □ 人

18 たし算と ひき算
たし算と ひき算⑤

りかい

▶▶▶ 答えは べっさつ 5ページ

点数　　点

1・2：しき25点　答え25点

1 ちかさんは，カードを 92まい もって います。友(とも)だちから 27まい もらうと，カードは ぜんぶで 何(なん)まいに なりますか。

（92まい：はじめの 数／27まい：もらった 数／ぜんぶで 何まい：はじめの 数と もらった 数を あわせた 数）

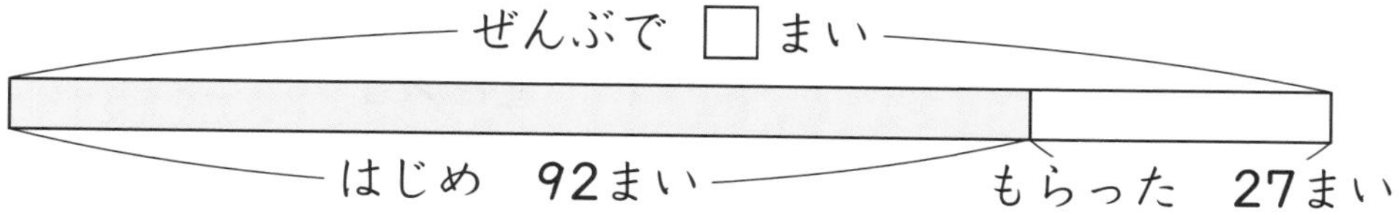

[しき] □ ＋ □ ＝ □

[答(こた)え] □ まい

2 ちゅう車場(しゃじょう)に 車が 152台(だい) とまって います。後(あと)から 38台 入って きました。車は ぜんぶで 何台に なりましたか。

（152台：はじめの 数／38台：後から 来た 数／ぜんぶで 何台：はじめの 数と 後から 来た 数を あわせた数）

[しき] □ ＋ □ ＝ □

[答え] □ 台

べんきょうした日　　月　　日

19 たし算と ひき算
たし算と ひき算⑤

れんしゅう

▶▶▶ 答えは べっさつ 5ページ

1～**4**：しき15点　答え10点

点数　　点

1 はるなさんは，おり紙(がみ)で つるを おりました。きのうは 53わ，今日(きょう)は 62わ おったそうです。ぜんぶで 何(なん)わ おりましたか。

[しき]

[答(こた)え]

2 子ども会(かい)で ハイキングに 行(い)きました。おとなは 40人，子どもは 91人でした。みんなで 何人でしたか。

[しき]

[答え]

3 大なわとびを しました。1回目(かいめ)は 32回，2回目は 76回 とびました。あわせて 何回 とびましたか。

[しき]

[答え]

4 85円の ドーナツと，64円の ジュースを 買(か)います。だい金は 何円ですか。

[しき]

[答え]

べんきょうした日　月　日

20 たし算と ひき算

たし算と ひき算⑤

れんしゅう

▶▶▶答えは べっさつ 5ページ

点数　　点

1～4：しき15点　答え10点

1 校ていで 87人 あそんで います。後(あと)から 39人 来(き)ました。みんなで 何人(なんにん)に なりましたか。

[しき]

[答(こた)え]

2 色紙(いろがみ)が 45まい あります。今日(きょう) 57まい 買(か)うと，色紙は ぜんぶで 何まいに なりますか。

[しき]

[答え]

3 さとるさんは，きのうまでに 本を 94ページ 読(よ)みました。今日 48ページ 読むと，ぜんぶで 何ページ 読んだ ことに なりますか。

[しき]

[答え]

4 めぐみさんは，316円 もって います。65円 もらうと，ぜんぶで 何円に なりますか。

[しき]

[答え]

べんきょうした日　　月　　日

21 たし算と ひき算
たし算と ひき算⑥

りかい

▶▶▶ 答えは べっさつ 6ページ

点数　　点

1・2：しき25点　答え25点

1 りんごが 82こ ありま す。みかんは，りんごより 59こ 多(おお)いそうです。みかんは 何(なん)こ ありますか。

（82こ：りんごの 数）（59こ 多い：みかんの ほうが 多い）

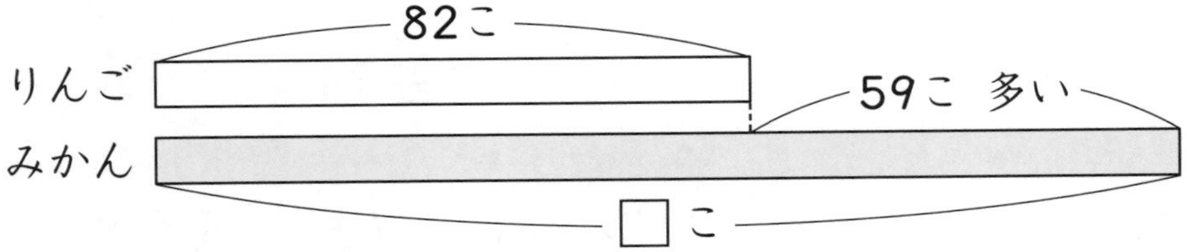

[しき] □ ＋ □ ＝ □

りんごの 数　　みかんが 何こ 多いか　　みかんの 数

[答(こた)え] □ こ

2 ふうとうが 68まい あります。びんせんは，ふうとうより 95まい 多いです。びんせんは 何まい ありますか。

（68まい：ふうとうの 数）（95まい 多い：びんせんの ほうが 多い）

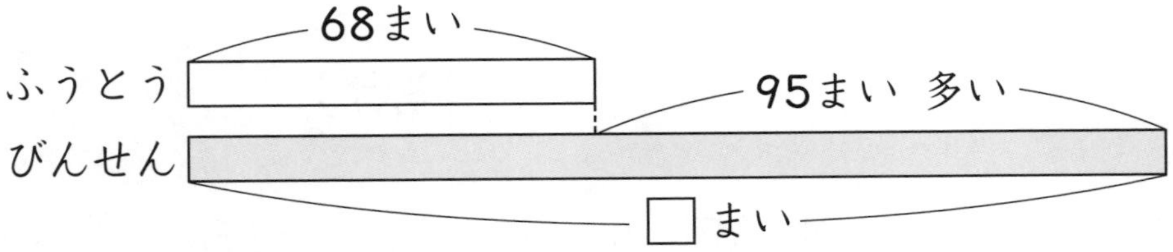

[しき] □ ＋ □ ＝ □

ふうとうの 数　　びんせんが 何まい 多いか　　びんせんの 数

[答え] □ まい

べんきょうした日　　月　　日

22 たし算と ひき算
たし算と ひき算⑥

りかい

▶▶▶ 答えは べっさつ 6ページ　点数　　点

1・2：しき25点　答え25点

1 シュークリームの ねだんは 128円です。プリンは，
（シュークリームの ねだん）
シュークリームより 52円 高いです。プリンの ねだん
（プリンの ほうが 高い）
は 何円ですか。

[しき] ☐ ＋ ☐ ＝ ☐

[答え] ☐ 円

2 南小学校の 人数は 627人です。東小学校の 人数は，
（南小学校の 人数）
南小学校より 18人 多いそうです。東小学校の 人数は
（東小学校の ほうが 多い）
何人ですか。

[しき] ☐ ＋ ☐ ＝ ☐

[答え] ☐ 人

べんきょうした日　　月　　日

23 たし算と ひき算
たし算と ひき算⑥

れんしゅう

▶▶▶ 答えは べっさつ 6ページ

1～4：しき15点　答え10点

点数　　点

1 こうたさんは，カードを 69まい もって います。けんじさんは，こうたさんより 32まい 多(おお)く カードを もって います。けんじさんは カードを 何(なん)まい もって いますか。

[しき]

[答(こた)え]

2 ひろとさんは，76さつ 本を もって います。お兄(にい)さんは，ひろとさんより 58さつ 多く 本を もって いるそうです。お兄さんは 本を 何さつ もって いますか。

[しき]

[答え]

3 工作(こうさく)のりの ねだんは 234円です。はさみの ねだんは，工作のりより 56円 高(たか)いです。はさみの ねだんは 何円ですか。

[しき]

[答え]

4 青い ボールが 379こ あります。黄色(きいろ)い ボールは，青い ボールより 18こ 多いそうです。黄色い ボールは 何こ ありますか。

[しき]

[答え]

24 たし算と ひき算
たし算と ひき算⑦

りかい

▶▶▶ 答えは べっさつ 6ページ

点数　　点

1・2：しき25点　答え25点

1 さとしさんは 137円 もって います。
（137円：もって いる お金）

84円の おかしを 買(か)うと，のこりは 何円(なんえん)ですか。
（84円：おかしの ねだん）（のこりは 何円：おかしを 買った 後に のこる お金）

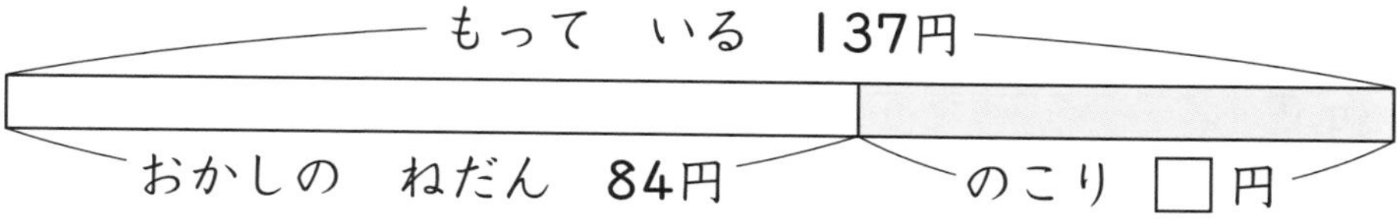

[しき] □ － □ ＝ □
（もって いる お金）（おかしの ねだん）（のこりの お金）

のこりの 数は
ひき算で もとめます。

[答(こた)え] □ 円

2 いちごが 145こ あります。63こ 食(た)べると，のこりは 何こですか。
（145こ：はじめの いちごの 数）（63こ：食べた いちごの 数）（のこりは 何こ：食べた 後に のこる いちごの 数）

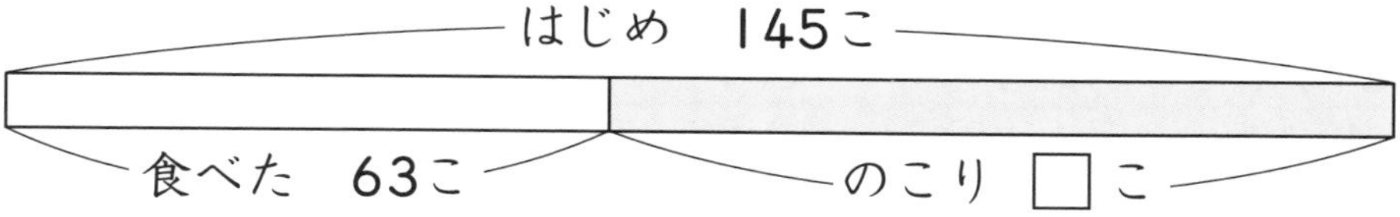

[しき] □ － □ ＝ □
（はじめの いちごの 数）（食べた いちごの 数）（のこりの いちごの 数）

のこりの 数は
ひき算で もとめます。

[答え] □ こ

25 たし算と ひき算
たし算と ひき算⑦

りかい

点数　　点

▶▶▶ 答えは べっさつ 7ページ

1・2：しき25点　答え25点

1 玉入れを しました。赤組は 119こ，
赤組の 玉の 数

白組は 95こでした。どちらが 何こ 多く 入れましたか。
白組の 玉の 数　　赤組と 白組の 玉の 数の ちがい

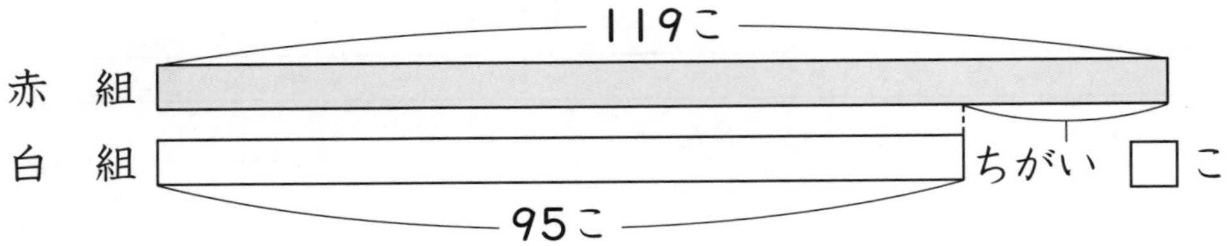

[しき] □ − □ ＝ □

[答え] □ が □ こ 多く 入れた。

2 えんぴつの ねだんは 51円，ノートの ねだんは
えんぴつの ねだん

106円です。どちらが 何円 高いですか。
ノートの ねだん　　えんぴつと ノートの ねだんの ちがい

[しき] □ − □ ＝ □

[答え] □ が □ 円 高い。

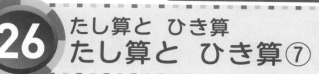

26 たし算と ひき算
たし算と ひき算⑦

れんしゅう

▶▶▶ 答えは べっさつ 7ページ

1～5：しき10点　答え10点

点数　　点

1 画用紙(がようし)が 148まい あります。47まい つかうと，のこりは 何(なん)まいですか。

[しき]

[答(こた)え]

2 ゆう園地(えんち)で 126人 あそんで います。74人 帰(かえ)ると，のこりは 何人ですか。

[しき]

[答え]

3 158ページ ある 本を 読(よ)んで います。91ページ 読むと，のこりは 何ページですか。

[しき]

[答え]

4 ビー玉を 135こ もって います。友(とも)だちに 62こ あげると，のこりは 何こですか。

[しき]

[答え]

5 風船(ふうせん)が 114こ あります。32こ くばると，のこりは 何こですか。

[しき]

[答え]

べんきょうした日　　月　　日

27 たし算と ひき算
たし算と ひき算⑦

れんしゅう

▶▶▶ 答えは べっさつ 7ページ

1～4：しき15点　答え10点

点数　　点

1 2年生で あきかんひろいを しました。1組(くみ)は 121こ，2組は 91こ ひろいました。どちらが 何(なん)こ 多(おお)く ひろいましたか。

[しき]

[答(こた)え]　　　が　　　多く ひろった。

2 なわとびを しました。まいさんは 74回(かい)，あきらさんは 115回 とびました。どちらが 何回 多く とびましたか。

[しき]

[答え]　　　が　　　多く とんだ。

3 バタークッキーが 139まい，チョコクッキーが 54まい あります。どちらが 何まい 多いですか。

[しき]

[答え]　　　が　　　多い。

4 ひとみさんは おはじきを 107こ，妹(いもうと)は 43こ もって います。どちらが 何こ 多いですか。

[しき]

[答え]　　　が　　　多い。

28 たし算と ひき算
たし算と ひき算⑧

りかい

▶▶▶ 答えは べっさつ 7ページ

点数　　点

1・2：しき25点　答え25点

1 赤い 花と 黄色い 花が あわせて 162本 あります。赤い 花は 87本です。黄色い 花は 何本ですか。

（162本：赤い 花と 黄色い 花を あわせた 数）（87本：赤い 花の 数）

あわせて 162本

赤い 花 87本　　黄色い 花 □本

[しき] □ − □ = □

（赤い 花と 黄色い 花を あわせた 数）（赤い 花の 数）（黄色い 花の 数）

あわせた 数から 赤い 花の 数を ひいて もとめます。

[答え] □ 本

2 ボールが 145こ あります。そのうち，はこに 入って いる ボールは 76こです。はこに 入って いない ボールは 何こですか。

（145こ：ぜんぶの ボールの 数）（76こ：はこに 入って いる ボールの 数）

ぜんぶで 145こ

はこに 入って いる 76こ　　はこに 入って いない □こ

[しき] □ − □ = □

（ぜんぶの ボールの 数）（はこに 入って いる ボールの 数）（はこに 入って いない ボールの 数）

ぜんぶの ボールの 数から はこに 入って いる ボールの 数を ひいて もとめます。

[答え] □ こ

29 たし算と ひき算
たし算と ひき算⑧

りかい

▶▶▶ 答えは べっさつ 8ページ

点数　　点

1・2：しき25点　答え25点

1 たかしさんは，シールを 101まい（たかしさんの シールの 数）もって います。弟の シールの数は，たかしさんより 8まい 少ない（弟の ほうが 少ない）そうです。弟は シールを 何まい もって いますか。

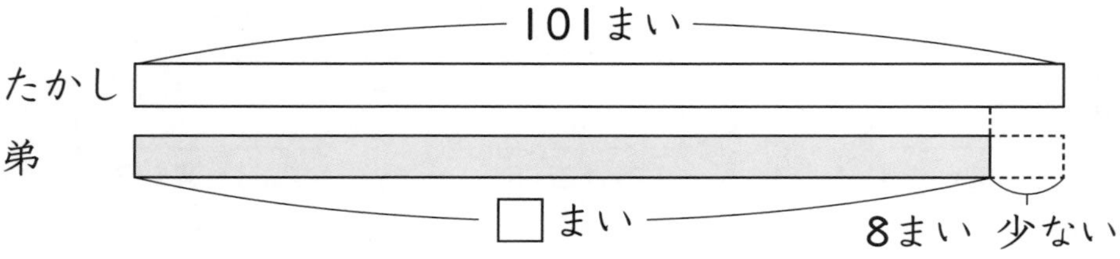

［しき］ □ － □ ＝ □

［答え］ □ まい

2 ショートケーキの ねだんは 372円（ショートケーキの ねだん）です。ロールケーキの ねだんは，ショートケーキより 64円 やすい（ロールケーキの ほうが やすい）そうです。ロールケーキの ねだんは 何円ですか。

［しき］ □ － □ ＝ □

［答え］ □ 円

30 たし算と ひき算
たし算と ひき算⑧

れんしゅう

▶▶▶ 答えは べっさつ 8ページ

1～4：しき15点　答え10点

点数　　点

1 ちえみさんと けいたさんで，どんぐりを 125こ ひろいました。ちえみさんは，59こ ひろいました。けいたさんは 何(なん)こ ひろいましたか。

[しき]

[答(こた)え]

2 おとなと 子どもが あわせて 104人 います。おとなは 46人です。子どもは 何人ですか。

[しき]

[答え]

3 ずかんと ものがたりの 本が あわせて 107さつ あります。そのうち，ずかんは 28さつです。ものがたりの 本は 何さつですか。

[しき]

[答え]

4 ノートと えんぴつを 買(か)うと，だい金は 162円でした。えんぴつの ねだんは 75円です。ノートの ねだんは 何円ですか。

[しき]

[答え]

31 たし算と ひき算
たし算と ひき算⑧

れんしゅう

点数　　点

▶▶▶ 答えは べっさつ 8ページ

1～4：しき15点　答え10点

1 はくぶつかんの 今日(きょう)の 入場(にゅうじょう)しゃは，654人でした。きのうは，今日より 38人 少(すく)なかったそうです。きのうの 入場しゃは 何人(なんにん)でしたか。

[しき]

[答(こた)え]

2 みかんが 351こ あります。りんごは，みかんより 26こ 少ないそうです。りんごは 何こ ありますか。

[しき]

[答え]

3 びんせんが 413まい あります。ふうとうは，びんせんより 4まい 少ないそうです。ふうとうは 何まい ありますか。

[しき]

[答え]

4 どうぶつずかんは，192ページ あります。しょくぶつずかんは，どうぶつずかんより 19ページ 少ないそうです。しょくぶつずかんは 何ページですか。

[しき]

[答え]

べんきょうした日　　月　　日

32 たし算と ひき算
たし算と ひき算⑨

りかい

▶▶▶ 答えは べっさつ 8ページ　点数　　点

1・2：しき25点　答え25点

1 男の子が 17人 います。男の子は，女の子より 5人 多い（おお）そうです。女の子は 何人（なんにん） いますか。

（17人：男の子の 人数　5人 多い：男の子の ほうが 多い）

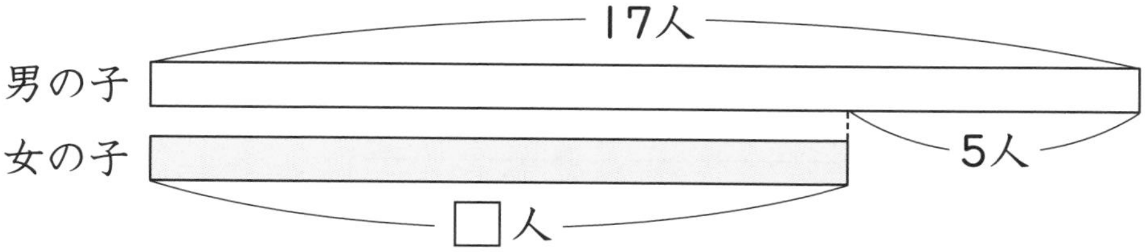

[しき] □ － □ ＝ □

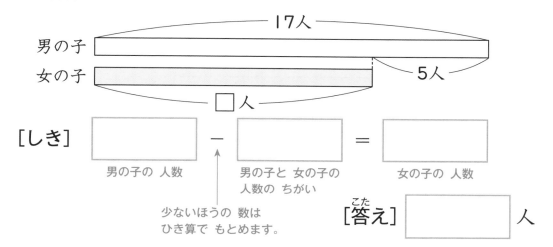

男の子の 人数　／　男の子と 女の子の 人数の ちがい　／　女の子の 人数

少ないほうの 数は ひき算で もとめます。

[答え（こた）] □ 人

2 ラムネは 55円です。ラムネは，チョコレートより 40円 やすいそうです。チョコレートの ねだんは 何円ですか。

（55円：ラムネの ねだん　40円 やすい：ラムネのほうが やすい）

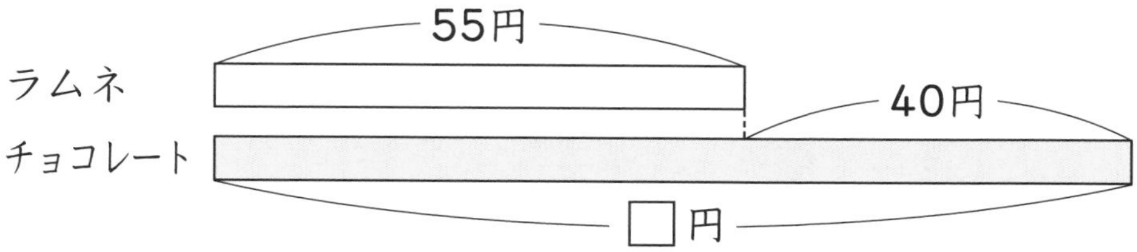

[しき] □ ＋ □ ＝ □

ラムネの ねだん　／　ラムネと チョコレートの ねだんの ちがい　／　チョコレートの ねだん

多いほうの 数は たし算で もとめます。

[答え] □ 円

べんきょうした日　　月　　日

33 たし算と ひき算
たし算と ひき算⑨

りかい

▶▶▶ 答えは べっさつ 9ページ

1・2：しき25点　答え25点

点数　　点

1 青い ボールが 24こ あります。青い ボールは，赤い ボールより 13こ 少ないそうです。赤い ボールは 何こですか。

（24こ：青い ボールの 数）（13こ 少ない：青い ボールの ほうが 少ない）

[しき] □ ＋ □ ＝ □

[答え] □ こ

2 ものさしは 85円です。ものさしは，けしゴムより 25円 高いそうです。けしゴムの ねだんは 何円ですか。

（85円：ものさしの ねだん）（25円 高い：ものさしの ほうが 高い）

[しき] □ － □ ＝ □

[答え] □ 円

べんきょうした日　　月　　日

34 たし算と ひき算
たし算と ひき算⑨

れんしゅう

答えは べっさつ 9ページ

点数　　点

1～4：しき15点　答え10点

1 白い 自(じ)どう車(しゃ)が 40台(だい) あります。白い 自どう車は，黒(くろ)い 自どう車より 30台 多(おお)いそうです。黒い 自どう車は 何台(なんだい)ですか。

[しき]

[答(こた)え]

2 あんパンは 95円です。あんパンは，クリームパンより 15円 高(たか)いそうです。クリームパンの ねだんは 何円ですか。

[しき]

[答え]

3 さるが 34ひき います。さるは，犬より 3びき 少(すく)ないそうです。犬は 何びきですか。

[しき]

[答え]

4 ゆかさんは なわとびを 68回(かい) とびました。ゆかさんは，しんごさんより 6回 多く とんだそうです。しんごさんは 何回 とびましたか。

[しき]

[答え]

べんきょうした日　　月　　日

35 たし算と ひき算
たし算と ひき算⑨

れんしゅう

▶▶▶ 答えは べっさつ 9ページ

点数　　点

1～4：しき15点　答え10点

1 子どもが 50人 います。子どもは，おとなより 20人 少(すく)ないそうです。おとなは 何人(なんにん)ですか。

[しき]

[答(こた)え]

2 黄色(きいろ)い 花が 60本 あります。黄色い 花は，赤い 花より 25本 少ないそうです。赤い 花は 何本ですか。

[しき]

[答え]

3 みさきさんは，本を 15さつ 読(よ)みました。みさきさんは，さくらさんより 4さつ 多(おお)く 読んだそうです。さくらさんは 本を 何さつ 読みましたか。

[しき]

[答え]

4 赤い 風船(ふうせん)が 25こ あります。赤い 風船は，白い 風船より 10こ 少ないそうです。白い 風船は 何こですか。

[しき]

[答え]

べんきょうした日　　月　　日

36 たし算と ひき算の まとめ②

おやつの くだものは 何かな？

答えは べっさつ 9ページ

正しい しきを えらんで すすむと，
おやつの くだものに たどりつきます。
おやつの くだものは 何でしょうか？

ガムは 30円です。ガムは あめより 20円
やすいそうです。あめは 何円ですか。

30 ＋ 20 ＝ 50

30 － 20 ＝ 10

（30 ＋ 20 ＝ 50 から）
犬が 10ぴき います。
犬は ねこより 2ひき
多いそうです。ねこは
何びき いますか。

10 ＋ 2 ＝ 12 → みかん

10 － 2 ＝ 8 → いちご

（30 － 20 ＝ 10 から）
男の子が 8人 います。
男の子は 女の子より
3人 少ないそうです。
女の子は 何人 いますか。

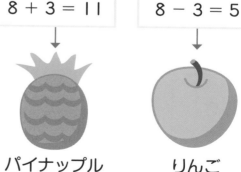

8 ＋ 3 ＝ 11 → パイナップル

8 － 3 ＝ 5 → りんご

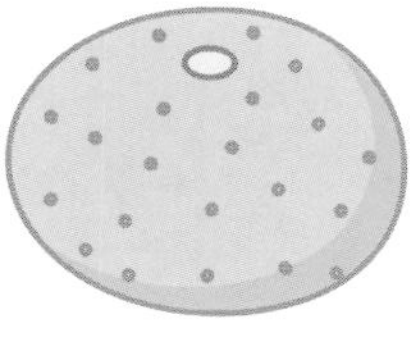

みかん

いちご

パイナップル

りんご

答え

37 計算の くふう 3つの 数の 計算①

りかい

▶▶▶ 答えは べっさつ 10ページ

1・2：しき25点　答え25点

点数　　点

1 公園(こうえん)に 子どもが 13人 いました。そこへ 6人 やって きました。また 4人 やって きました。子どもは 何人(なんにん)に なりましたか。

（13人：はじめの 子どもの 数）（6人：後から 来た 子どもの 数）（4人：また 後から 来た 子どもの 数）

[しき] □ ＋ □ ＝ □ ←ふえた 子どもの 数

後から 来た 子どもの 数　また 後から 来た 子どもの 数

□ ＋ □ ＝ □ ぜんぶの 子どもの 数

はじめの 子どもの 数　ふえた 子どもの 数

[答(こた)え] □ 人

2 シールが 12まい ありました。友(とも)だちから 15まい もらいました。その後(あと) 8まい つかいました。シールは 何まいに なりましたか。

（12まい：はじめの シールの 数）（15まい：もらった シールの 数）（8まい：つかった シールの 数）

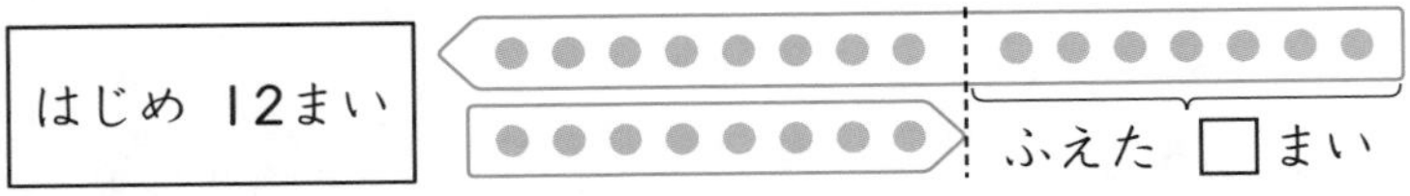

[しき] □ － □ ＝ □ ←ふえた シールの 数

もらった シールの 数　つかった シールの 数

□ ＋ □ ＝ □ ぜんぶの シールの 数

はじめの シールの 数　ふえた シールの 数

[答え] □ まい

べんきょうした日　　月　　日

38 計算の くふう
3つの 数の 計算①

りかい

▶▶▶答えは べっさつ 10ページ

点数　　点

1・2：しき25点　答え25点

1 色紙を 25まい もって いました。きのう 8まい 買いました。また 今日 2まい 買いました。色紙は 何まいに なりましたか。

（はじめの 色紙の 数）（きのう 買った 色紙の 数）（今日 買った 色紙の 数）

[しき] □ ＋ □ ＝ □

□ ＋ □ ＝ □

[答え] □ まい

2 みほさんは 50円 もって いました。お母さんから 45円 もらいました。その後 25円の あめを 買いました。みほさんは 何円 もって いますか。

（はじめの お金）（もらった お金）（つかった お金）

[しき] □ － □ ＝ □

□ ＋ □ ＝ □

[答え] □ 円

べんきょうした日　月　日

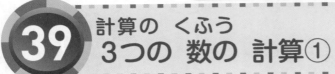

39 計算の くふう 3つの 数の 計算①

れんしゅう

答えは べっさつ 10ページ

点数　点

1～4：しき15点　答え10点

1 公園(こうえん)に すずめが 48わ いました。そこへ 7わ とんで きました。また 3わ とんで きました。すずめは 何(なん)わに なりましたか。

[しき]

[答(こた)え]

2 花が 37本 さいて いました。つぎの 日に 5本 さきました。また その つぎの 日に 5本 さきました。さいて いる 花は 何本に なりましたか。

[しき]

[答え]

3 プールに 子どもが 24人 いました。そこへ 14人 来(き)ました。その後(あと) 8人 帰(かえ)りました。子どもは 何人に なりましたか。

[しき]

[答え]

4 いちごが 35こ ありました。16こ 買(か)って きました。その後 12こ 食(た)べました。いちごは 何こに なりましたか。

[しき]

[答え]

べんきょうした日　月　日

40 計算の くふう 3つの 数の 計算①

れんしゅう

▶▶▶ 答えは べっさつ 10ページ

点数　　点

1～4：しき15点　答え10点

1 本を 56さつ もって いました。きょ年 9さつ 買って もらいました。また 今年 11さつ 買って もらいました。本は 何さつに なりましたか。

[しき]

[答え]

2 あめが 25こ あります。14こ 食べましたが，後で 8こ もらいました。あめは 何こに なりましたか。

[しき]

[答え]

3 カードを 34まい もって いました。お姉さんから 13まい もらいました。その後 7まい 買いました。カードは 何まいに なりましたか。

[しき]

[答え]

4 ちゅう車場に 車が 71台 とまって いました。25台 出て いきましたが，その後 36台 入って きました。ちゅう車場の 車は 何台に なりましたか。

[しき]

[答え]

べんきょうした日　　月　　日

41 計算の くふう 3つの 数の 計算②

りかい

▶▶▶ 答えは べっさつ 11ページ　点数　　点

1・2：しき25点　答え25点

1 色紙(いろがみ)が 21まい あります。きのう 8まい もらいました。今日(きょう) 12まい もらいました。色紙は，ぜんぶで 何(なん)まいに なりましたか。

（21まい：はじめの 色紙の 数　8まい：きのう もらった 色紙の 数　12まい：今日 もらった 色紙の 数）

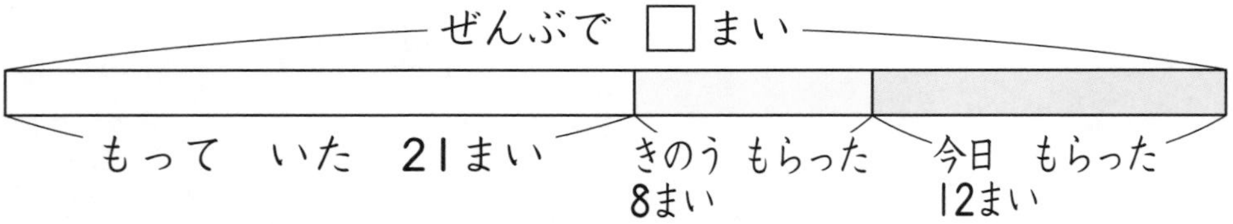

[しき] □ ＋ (□ ＋ □) ＝ □

（はじめの 色紙の 数　きのう もらった 色紙の 数　今日 もらった 色紙の 数　ぜんぶの 色紙の 数）

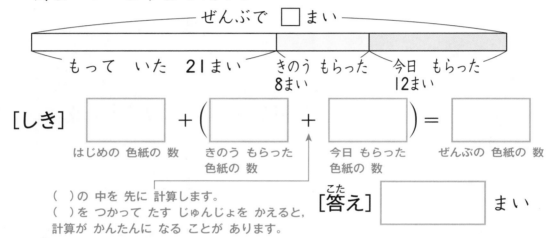

(　)の 中を 先に 計算します。
(　)を つかって たす じゅんじょを かえると，計算が かんたんに なる ことが あります。

[答(こた)え] □ まい

2 買(か)いものに 行(い)きました。はじめに 55円の けしゴムを 買いました。その後(あと)，30円の グミと 10円の あめを 買いました。ぜんぶで 何円 つかいましたか。

（55円：けしゴムの ねだん　30円：グミの ねだん　10円：あめの ねだん）

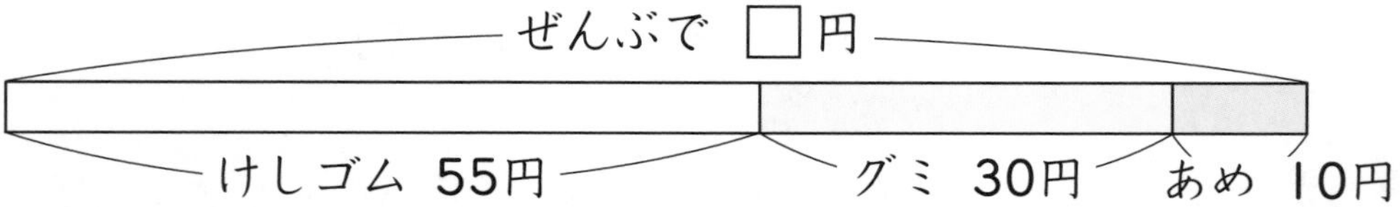

[しき] □ ＋ (□ ＋ □) ＝ □

（けしゴムの ねだん　グミの ねだん　あめの ねだん　ぜんぶの ねだん）

(　)の 中を 先に 計算します。
(　)を つかって たす じゅんじょを かえると，計算が かんたんに なる ことが あります。

[答え] □ 円

べんきょうした日　　月　　日

42 計算の くふう 3つの 数の 計算②

りかい

答えは べっさつ 11ページ

点数　　点

1・2：しき25点　答え25点

1 公園(こうえん)で 子どもが 36人 あそんで います。そこへ 女の子が 7人 来(き)ました。その後(あと) 男の子が 3人 来ました。子どもは，ぜんぶで 何人(なんにん)に なりましたか。

（36人：はじめに いた 子どもの 数　7人：後から 来た 女の子の 数　3人：後から 来た 男の子の 数）

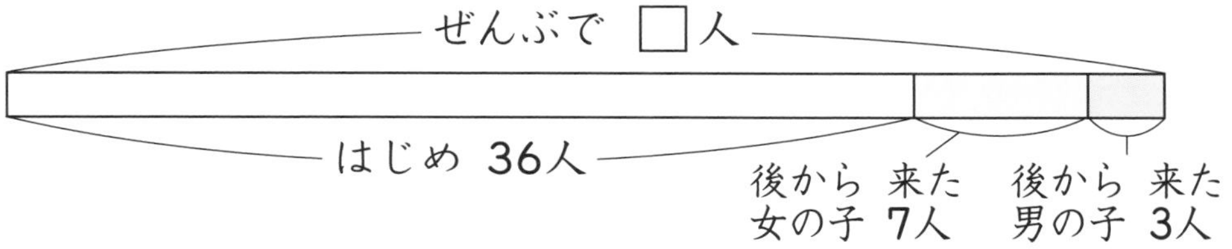

[しき] □ ＋ (□ ＋ □) ＝ □

[答(こた)え] □ 人

2 クッキーを，きのうは 18まい 食(た)べました。今日(きょう)は，16まい 食べて，その後 おなかが すいたので，また 4まい 食べました。ぜんぶで 何まい 食べましたか。

（18まい：きのう 食べた クッキーの 数　16まい：今日 1回目に 食べた クッキーの 数　4まい：今日 2回目に 食べた クッキーの 数）

[しき] □ ＋ (□ ＋ □) ＝ □

[答え] □ まい

べんきょうした日　月　日

43 計算の くふう 3つの 数の 計算②

れんしゅう

答えは べっさつ 11ページ

点数　点

1～4：しき15点　答え10点

1 まさとさんは，本を 74さつ もって います。新しい本を，たんじょう日に 5さつ，クリスマスに 5さつ 買って もらいました。本は，ぜんぶで 何さつに なりましたか。

[しき]

[答え]

2 バスに 9人 のって います。と中で 2人 のって きました。その後 8人 のって きました。バスには ぜんぶで 何人 のって いますか。

[しき]

[答え]

3 おり紙で つるを おりました。きのう 42わ おりました。けさ おきてから 3わ おりました。その後 学校に 行き，家に もどってから 27わ おりました。ぜんぶで 何わ おりましたか。

[しき]

[答え]

4 なつきさんと 弟で，あきかんひろいを しました。きのうまでに 67こ ひろいました。今日，なつきさんが 11こ，弟が 9こ ひろいました。あきかんは，ぜんぶで 何こに なりましたか。

[しき]

[答え]

べんきょうした日　　月　　日

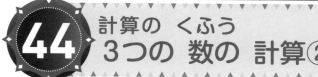

44 計算の くふう 3つの 数の 計算②

れんしゅう

答えは べっさつ 11ページ

点数　　点

1～4：しき15点　答え10点

1 みかんが 8こ ありました。つぎの 日に 7こ 買って 家に もどったら，しんせきが 43こ もって きて くれました。みかんは，ぜんぶで 何こに なりましたか。

[しき]

[答え]

2 なわとびの れんしゅうを しました。1回目は 11回 とべました。2回目は 5回でしたが，3回目は 35回 とべました。ぜんぶで 何回 とべましたか。

[しき]

[答え]

3 本を 読んで います。きのうは 23ページ，今日は 14ページ 読みました。明日 26ページ 読むと，ぜんぶで 何ページ 読んだ ことに なりますか。

[しき]

[答え]

4 ゆみさんは，シールを 37まい もって います。お兄さんが 19まい くれました。その後 お姉さんが 11まい くれました。シールは，ぜんぶで 何まいに なりましたか。

[しき]

[答え]

45 長さ
長さの たし算

りかい

▶▶▶ 答えは べっさつ 12ページ

1：しき50点　答え50点

点数　　点

1 青い テープが 5cm, 白い テープが 4cm あります。
あわせて 何(なん)cmですか。

（5cm：青い テープの 長さ／4cm：白い テープの 長さ／あわせて 何cm：青い テープと 白い テープを あわせた 長さ）

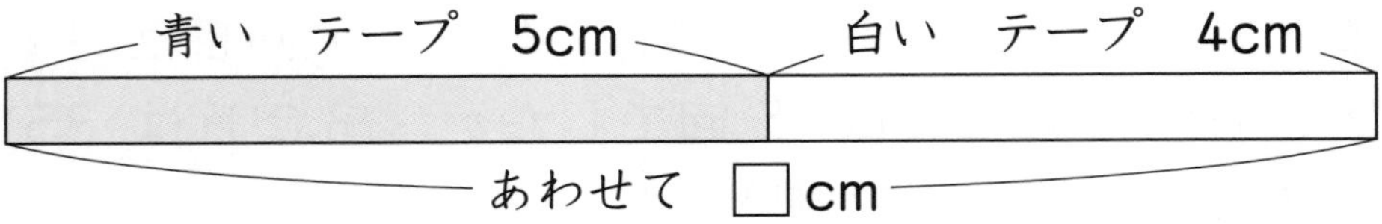

［しき］ □cm ＋ □cm ＝ □cm

（青い テープの 長さ／白い テープの 長さ／あわせた 長さ）

あわせた 数は
たし算で もとめます。

［答(こた)え］ □cm

46 長さ
長さの たし算

りかい

▶▶▶ 答えは べっさつ 12ページ

点数　　点

1・2：しき25点　答え25点

1 なつきさんは 竹ひごを 16cm もって
（もって いた 竹ひごの 長さ）
います。今日 お兄さんから 9cm もらいました。
（もらった 竹ひごの 長さ）
竹ひごは ぜんぶで 何cmに なりましたか。
（もって いた 竹ひごと もらった 竹ひごを あわせた 長さ）

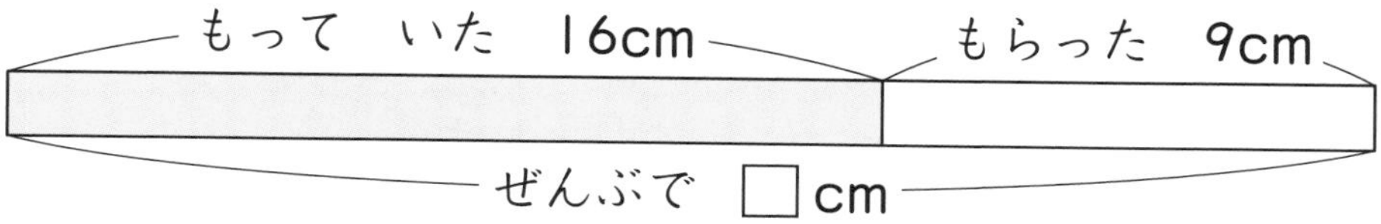

［しき］ □ cm ＋ □ cm ＝ □ cm

［答え］ □ cm

2 赤い リボンが 2m70cm, 青い リボンが 6m20cm
（赤い リボンの 長さ）（青い リボンの 長さ）
あります。あわせて 何m何cmですか。
（赤い リボンと 青い リボンを あわせた 長さ）

［しき］
□ m □ cm ＋ □ m □ cm ＝ □ m □ cm

［答え］ □ m □ cm

べんきょうした日　月　日

47 長さ
長さの たし算

れんしゅう

▶▶▶ 答えは べっさつ 12ページ

1～4：しき15点　答え10点

点数　点

1 白い ひもが 7cm，黒(くろ)い ひもが 8cm あります。あわせて 何(なん)cmですか。

[しき]

[答(こた)え]

2 まみさんは リボンを 14cm，妹(いもうと)は 6cm もって います。あわせて 何cm もって いますか。

[しき]

[答え]

3 ひかるさんは ロープを 40cm5mm もって います。お父(とう)さんから 30cm もらうと，ロープは ぜんぶで 何cm何mmに なりますか。

[しき]

[答え]

4 黄色(きいろ)の テープが 5cm8mm，みどりの テープが 12cm あります。テープは あわせて 何cm何mm ありますか。

[しき]

[答え]

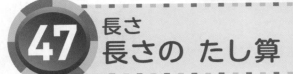

48 長さ
長さの たし算

れんしゅう

▶▶▶ 答えは べっさつ 12ページ

点数

1～4：しき15点　答え10点

点

1 赤い 毛糸(けいと)が 9m，白い 毛糸が 10m ありります。毛糸は あわせて 何(なん)m ありますか。

[しき]

[答(こた)え]

2 3mの ぼうと 2mの ぼうを つなぎます。ぜんたいの 長(なが)さは 何mに なりますか。

[しき]

[答え]

3 かりんさんは リボンを 6m40cm もって います。今日(きょう) お姉(ねえ)さんから 1m50cm もらいました。リボンは ぜんぶで 何m何cmに なりましたか。

[しき]

[答え]

4 たいちさんの しんちょうは 1m28cmです。30cmの 台(だい)の 上に のると，ゆかからの 高(たか)さは 何m何cmですか。

[しき]

[答え]

49 長さ
長さの ひき算

りかい

▶▶▶ 答えは べっさつ 13ページ

点数　　点

1：しき50点　答え50点

1 白い リボンが 8cm, 青い リボンが 3cm あります。長さの ちがいは 何cmですか。

（8cm：白い リボンの 長さ）
（3cm：青い リボンの 長さ）
（長さの ちがい：白い リボンと 青い リボンの 長さの ちがい ← 長い ほうから みじかい ほうを ひく）

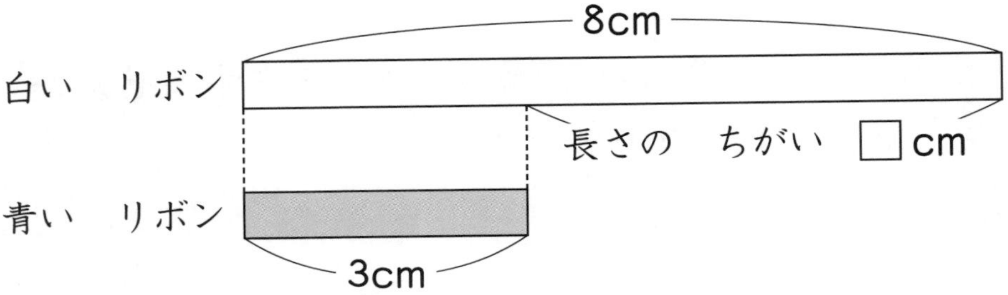

[しき] □cm − □cm ＝ □cm

（白い リボンの 長さ）（青い リボンの 長さ）（長さの ちがい）

長さの ちがいは ひき算で もとめます。

[答え] □cm

50 長さ
長さの ひき算

りかい

▶▶▶ 答えは べっさつ 13ページ

答えは べっさつ 13ページ

点数　　点

1・**2**：しき25点　答え25点

1 12cmの ひもが あります。5cm 切(き)りとると，のこりは 何(なん)cmですか。

はじめの ひもの 長さ　切りとる 長さ

はじめの 長さから 切りとる 長さを ひいた のこりの 長さ

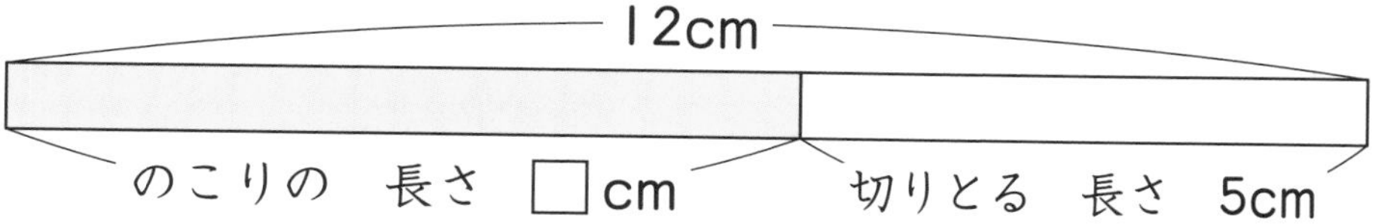

［しき］ □cm － □cm ＝ □cm

［答(こた)え］ □cm

2 教室(きょうしつ)の よこの 長(なが)さは 6m40cm，たての 長さは 9m70cmです。たてと よこの 長さの ちがいは 何m何cmですか。

よこの 長さ　たての 長さ　たてと よこの 長さの ちがい

［しき］

□m□cm － □m□cm ＝ □m□cm

［答え］ □m□cm

べんきょうした日　　月　　日

51 長さ 長さの ひき算

れんしゅう

▶▶▶ 答えは べっさつ 13ページ

1～4：しき15点　答え10点

点数　　点

1 青い リボンが 14cm，赤い リボンが 6cm あります。長さの ちがいは 何cmですか。

[しき]

[答え]

2 25cmの ひもが あります。13cm 切りとると，のこりは 何cmですか。

[しき]

[答え]

3 12cm 8mmの ペンと，11cm 4mmの えんぴつが あります。長さの ちがいは 何cm何mmですか。

[しき]

[答え]

4 きのう ひまわりの 高さを はかったら，47cmでした。今日 はかったら，51cm 5mmでした。何cm何mm 高く なりましたか。

[しき]

[答え]

べんきょうした日　　月　　日

52 長さ
長さの ひき算

れんしゅう

▶▶▶ 答えは べっさつ 13ページ

点数　　点

1～4：しき15点　答え10点

1 ゆいさんは リボンを 7m，妹(いもうと)は 4m もって います。長(なが)さの ちがいは 何(なん)mですか。

[しき]

[答(こた)え]

2 18mの ロープが あります。10m つかうと，のこりは 何mですか。

[しき]

[答え]

3 2m90cmの テープから 1m30cm 切(き)りとると，のこりは 何m何cmですか。

[しき]

[答え]

4 黒(こく)ばんの よこの 長さは 3m50cm，たての 長さは 1m20cmです。よこの 長さは，たての 長さより 何m何cm 長いですか。

[しき]

[答え]

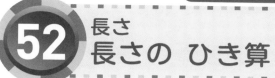

べんきょうした日　　月　　日

53 長さ
長さの たし算と ひき算

りかい

▶▶▶ 答えは べっさつ 14ページ

点数　　　点

1：しき50点　答え50点

1 8cm5mmの えんぴつが あります。ペンの 長さ（なが）は
えんぴつの 長さ

えんぴつより 7mm 長いです。
ペンは えんぴつより 7mm 長い

ペンの 長さは 何（なん）cm何mmですか。
えんぴつの 長さに 7mmを たした 長さ

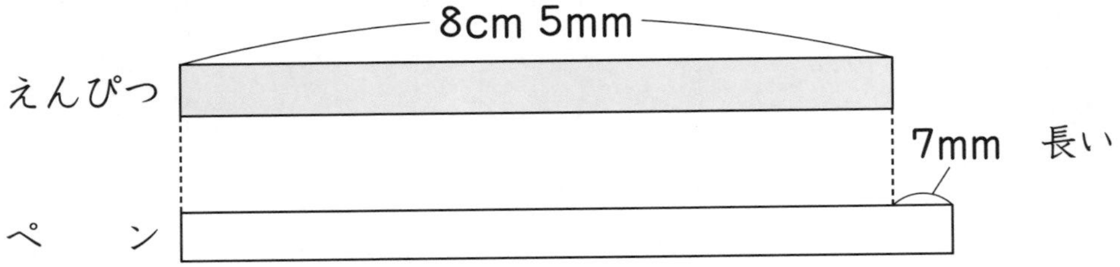

[しき]

10mm＝1cmで，12mm＝1cm2mm
➡8cm12mm＝9cm2mm

mmどうしを たします

□cm□mm＋□mm＝□cm□mm

ペンの 長さは えんぴつの 長さに
7mmを たして もとめます。

[答（こた）え] □cm□mm

54 長さ
長さの たし算と ひき算

りかい

答えは べっさつ 14ページ

点数　　　点

1・2：しき25点　答え25点

1 とうまさんの へやの よこの 長さは 3m60cmです。たての 長さは，よこの 長さより 90cm みじかいそうです。たての 長さは 何m何cmですか。

（3m60cm：よこの 長さ）
（90cm みじかい：たては よこより 90cm みじかい）
（たての 長さは 何m何cm：よこの 長さから 90cmを ひいた 長さ）

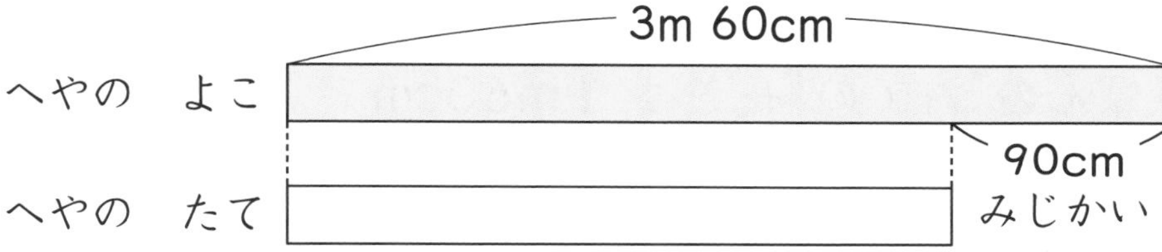

[しき]

□ m □ cm − □ cm ＝ □ m □ cm

[答え] □ m □ cm

2 2m40cmの リボンから 1m50cm 切りとりました。のこりは 何cmですか。

（2m40cm：はじめの　リボンの　長さ）
（1m50cm：切りとった　リボンの　長さ）
（のこりは 何cm：はじめの　長さから　切りとった　長さを　ひいた　のこりの　長さ）

[しき]

□ m □ cm − □ m □ cm ＝ □ cm

[答え] □ cm

べんきょうした日　月　日

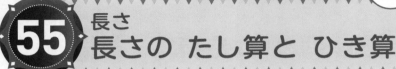

55 長さ
長さの たし算と ひき算

れんしゅう

答えは べっさつ 14ページ

1～4：しき15点　答え10点

点数　点

1 10cm 4mmの 青い テープが あります。赤い テープは 青い テープより 9mm 長(なが)いです。赤い テープの 長さは 何(なん)cm何mmですか。

[しき]

[答(こた)え]

2 黒(こく)ばんの たての 長さは 1m60cmです。よこの 長さは，たての 長さより 2m50cm 長いです。よこの 長さは 何m何cmですか。

[しき]

[答え]

3 教室(きょうしつ)の たての 長さは 7m20cmです。よこの 長さは，たての 長さより 30cm みじかいです。よこの 長さは 何m何cmですか。

[しき]

[答え]

4 まどかさんは リボンを 60cm 5mm もって います。妹(いもうと)に 15cm 8mm あげると，のこりは 何cm何mmですか。

[しき]

[答え]

56 長さの　まとめ
すきな　どうぶつを　見つけよう！

答えは　べっさつ　14ページ

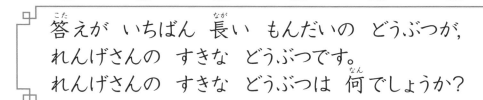

答えが　いちばん　長い　もんだいの　どうぶつが，
れんげさんの　すきな　どうぶつです。
れんげさんの　すきな　どうぶつは　何でしょうか？

いぬ

赤い　毛糸が　55cm，黒い　毛糸が　35cm
あります。毛糸は　あわせて　何cm　ありますか。

［　　　］cm

ねこ

白い　テープが　180cm　あります。
95cm　つかうと，のこりは　何cm　ですか。

［　　　］cm

うさぎ

1m40cmの　青い　リボンが　あります。みどりの
リボンは，青い　リボンより　45cm　みじかいそうです。
みどりの　リボンは　何cmですか。

［　　　］cm

答え　［　　　］

57 かさ かさ①

りかい

▶▶▶ 答えは べっさつ 15ページ

点数　　　点

1・2：しき25点　答え25点

1 水が やかんに 5L, ポットに 3L 入って います。水は あわせて 何L ありますか。

やかんの 水の かさ　ポットの 水の かさ

やかんと ポットを あわせた 水の かさ

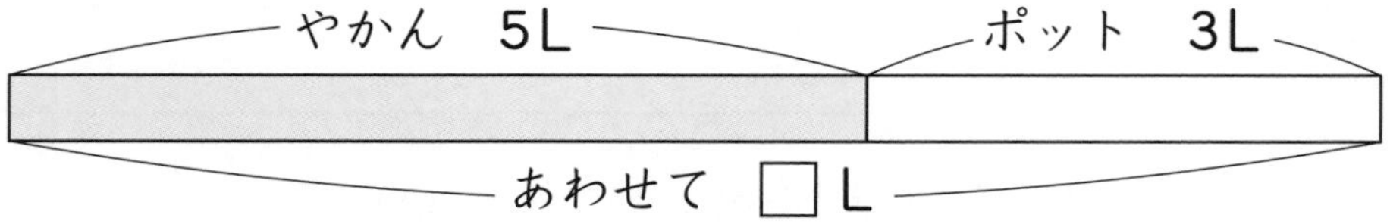

[しき] □ L ＋ □ L ＝ □ L

やかんの 水の かさ　ポットの 水の かさ　あわせた 水の かさ

あわせた かさは
たし算で もとめます。

[答え] □ L

2 水が バケツに 7L, せんめんきに 4L 入って います。ちがいは 何Lですか。

バケツの 水の かさ　せんめんきの 水の かさ

バケツと せんめんきの かさの ちがい⬅多い ほうから 少ない ほうを ひく

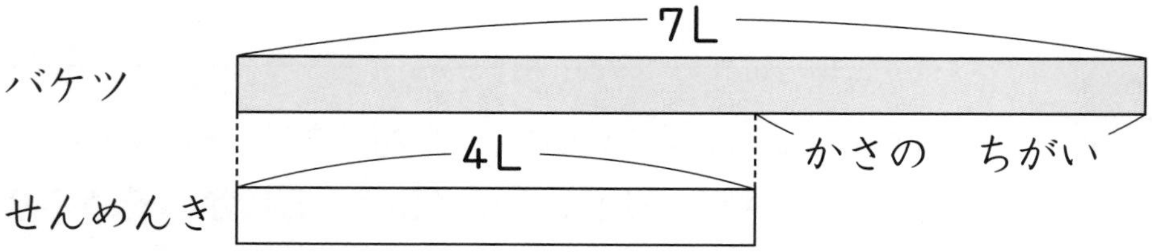

[しき] □ L － □ L ＝ □ L

バケツの 水の かさ　せんめんきの 水の かさ　かさの ちがい

かさの ちがいは
ひき算で もとめます。

[答え] □ L

58 かさ
かさ①

りかい

▶▶▶ 答えは べっさつ 15ページ

点数　　点

1・2：しき25点　答え25点

1 牛にゅうが 紙パックに 4dL，コップに 2dL あります。あわせて 何dLですか。

（4dL：紙パックの かさ）（2dL：コップの かさ）（何dL：紙パックと コップを あわせた かさ）

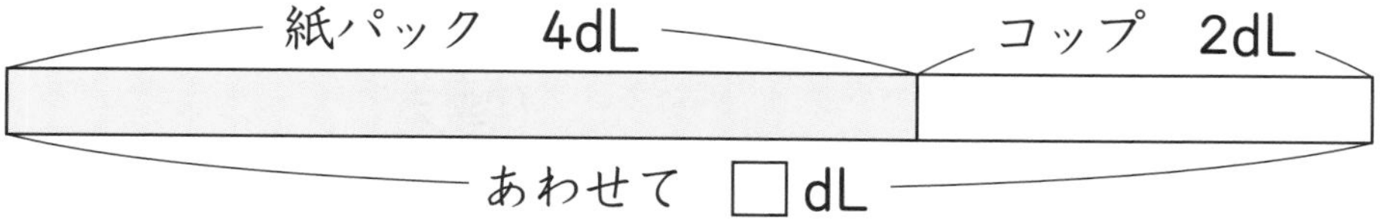

[しき] □dL＋□dL＝□dL

[答え] □dL

2 ジュースが 500mL あります。200mL のむと，のこりは 何mLですか。

（500mL：はじめの ジュースの かさ）（200mL：のんだ ジュースの かさ）（のこりは 何mL：はじめの かさから のんだ かさを ひいた のこりの かさ）

[しき] □mL－□mL＝□mL

[答え] □mL

59 かさ かさ①

れんしゅう

答えは べっさつ 15ページ

点数　点

1～4：しき15点　答え10点

1 水が 大きい バケツに 6L，小さい バケツに 3L 入って います。水は あわせて 何(なん)L ありますか。

[しき]

[答(こた)え]

2 水が 水そうに 2L 入って います。後(あと)から 8L 入れると，水は ぜんぶで 何Lに なりますか。

[しき]

[答え]

3 ジュースが ペットボトルに 5dL，紙(かみ)パックに 4dL 入って います。あわせて 何dLですか。

[しき]

[答え]

4 あぶらが 100mL あります。700mL 買(か)って くると，ぜんぶで 何mLに なりますか。

[しき]

[答え]

べんきょうした日　　月　　日

60 かさ
かさ①

れんしゅう

▶▶▶ 答えは べっさつ 15ページ

点数　　点

1～4：しき15点　答え10点

1 水が 大きい 水そうに 12L，小さい 水そうに 8L 入って います。ちがいは 何L(なん)ですか。

[しき]

[答え(こた)]

2 お茶(ちゃ)が ポットに 5dL，コップに 2dL 入って います。ちがいは 何dLですか。

[しき]

[答え]

3 牛(ぎゅう)にゅうが 9dL あります。3dL のむと，のこりは 何dLですか。

[しき]

[答え]

4 オレンジジュースが 900mL，りんごジュースが 400mL あります。ちがいは 何mLですか。

[しき]

[答え]

べんきょうした日　月　日

61 かさ かさ②

りかい

▶▶▶ 答えは べっさつ 16ページ

1・2：しき25点　答え25点

点数　点

1 水が やかんに 3L2dL，水とうに 1L4dL 入って います。あわせて 何(なん)L何dLですか。

（3L2dL：やかんの 水の かさ）（1L4dL：水とうの 水の かさ）（何L何dL：やかんと 水とうを あわせた 水の かさ）

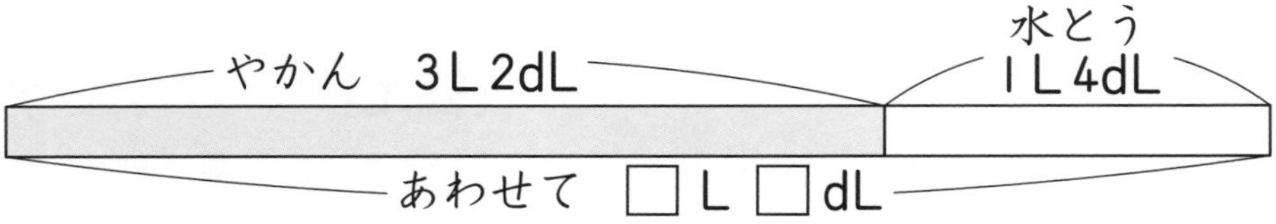

[しき]

□L□dL＋□L□dL＝□L□dL

（やかんの 水の かさ）（水とうの 水の かさ）（あわせた 水の かさ）

あわせた かさは
たし算で もとめます。

[答(こた)え] □L□dL

2 ジュースが 1L5dL あります。3dL のむと，のこりは 何L何dLですか。

（1L5dL：はじめの ジュースの かさ）（3dL：のんだ かさ）（のこりは 何L何dL：はじめの かさから のんだ かさを ひいた のこりの かさ）

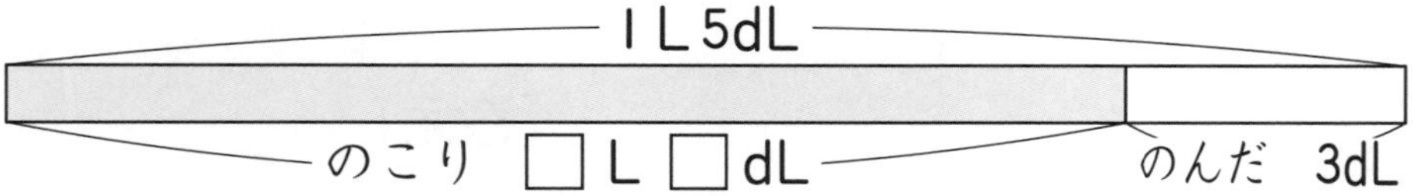

[しき]

□L□dL－□dL＝□L□dL

（はじめの ジュースの かさ）（のんだ かさ）（のこりの ジュースの かさ）

のこりの かさは
ひき算で もとめます。

[答え] □L□dL

べんきょうした日　　月　　日

62 かさ
かさ②

りかい

▶▶▶ 答えは べっさつ 16ページ

点数　　　点

1・2：しき25点　答え25点

1 あぶらが 1L6dL あります。1L8dL 買(か)って くると，ぜんぶで 何(なん)L何dLに なりますか。

（1L6dL：はじめの あぶらの かさ　1L8dL：買って きた かさ　何L何dL：はじめの かさと 買って きた かさを あわせた かさ）

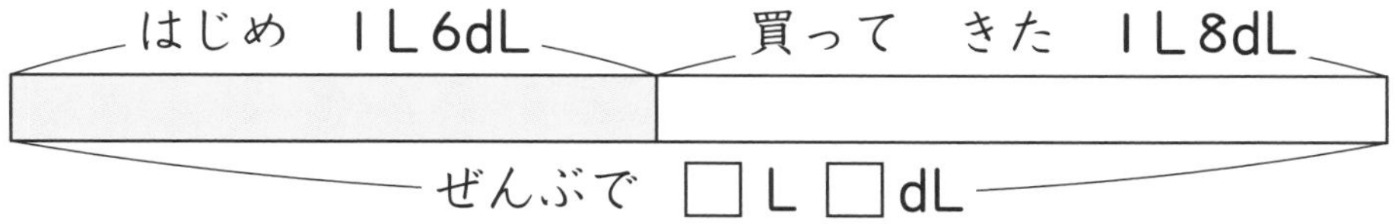

[しき]

□L □dL ＋ □L □dL ＝ □L □dL

[答(こた)え] □L □dL

2 お茶(ちゃ)が やかんに 3L7dL，ポットに 1L9dL 入って います。ちがいは 何L何dLですか。

（3L7dL：やかんの お茶の かさ　1L9dL：ポットの お茶の かさ　ちがいは 何L何dL：やかんの かさと ポットの かさの ちがい）

[しき]

□L □dL － □L □dL ＝ □L □dL

[答え] □L □dL

べんきょうした日　　月　　日

63 かさ かさ②

れんしゅう

答えは べっさつ 16ページ

1～4：しき15点　答え10点

点数　　点

1 水が ペットボトルに 1L3dL，やかんに 2L6dL 入って います。あわせて 何L何dLですか。

[しき]

[答え]

2 ジュースが 1L7dL あります。1L5dL 買って くると，ぜんぶで 何L何dLに なりますか。

[しき]

[答え]

3 牛にゅうが 1L4dL あります。2dL のむと，のこりは 何L何dLですか。

[しき]

[答え]

4 お茶が ポットに 3L5dL，やかんに 1L8dL 入って います。ちがいは 何L何dLですか。

[しき]

[答え]

64 かさの　まとめ
どうぶつレース

答えは　べっさつ　16ページ

どうぶつたちが　かけっこを　しました。答えの　ジュースの　かさが　いちばん　多い　どうぶつが　かちました。かったのは　どの　どうぶつでしょうか？

くま

ジュースが　びんに　1L4dL，コップに　2dL　入って　います。あわせて　何L何dLですか。

□L □dL

ぞう

ジュースが　9dL　あります。8dL　買って　くると　ぜんぶで　何L何dLに　なりますか。

□L □dL

きりん

ジュースが　2L　あります。2dL　のむと，のこりは　何L何dLですか。

□L □dL

答え □

べんきょうした日　　月　　日

65 かけ算

かけ算①

りかい

▶▶▶ 答えは べっさつ 17ページ

点数　　点

1・**2**：しき25点　答え25点

1 ペンが 5本ずつ 入った ふくろが，4 ふくろ あります。ペンは，ぜんぶで 何本（なんぼん） ありますか。

（5本ずつ：1ふくろ分の ペンの 数）（4 ふくろ：ペンが 5本 入った ふくろの 数）

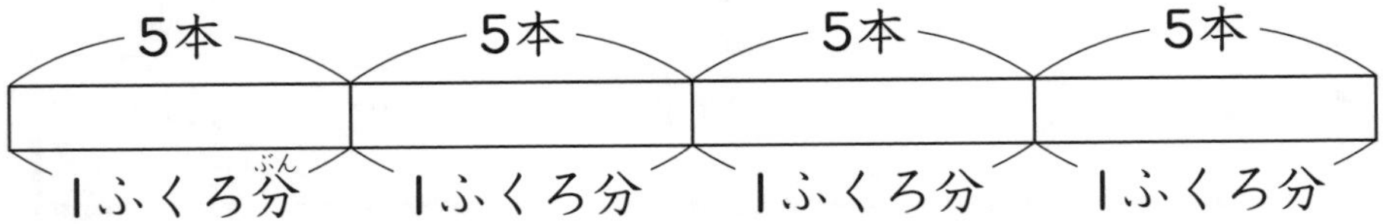

[しき] □ × □ ＝ □

1ふくろ分の ペンの 数　　何ふくろ分　　ぜんぶの ペンの 数

ぜんぶの 数は かけ算で もとめます。

[答（こた）え] □ 本

2 ノートを 1日に 2ページずつ つかいます。3日間（かん）では，何ページ つかいますか。

（2ページずつ：1日分の ページ数）（3日間：ノートを つかう 日数）

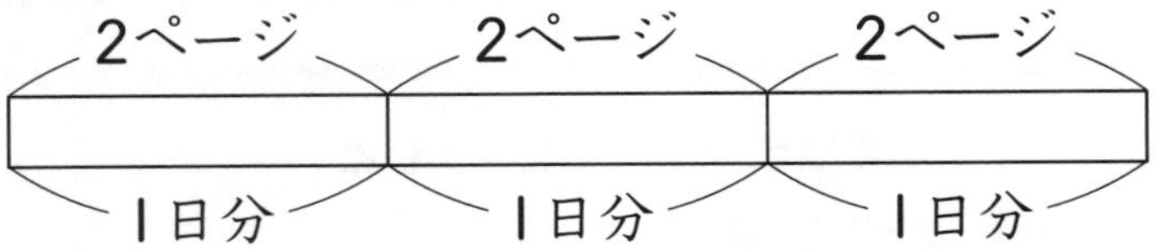

[しき] □ × □ ＝ □

1日分の ページ数　　何日分　　ぜんぶの ページ数

ぜんぶの 数は かけ算で もとめます。

[答え] □ ページ

66 かけ算
かけ算①

りかい

▶▶▶ 答えは べっさつ 17ページ

点数　　点

1・2：しき25点　答え25点

1 子どもが 6人 います。1人に 3まい ずつ クッキーを くばると，クッキーは ぜんぶで 何(なん)まい いりますか。

（6人：クッキーを くばる 人数　3まい：1人分の クッキーの 数）

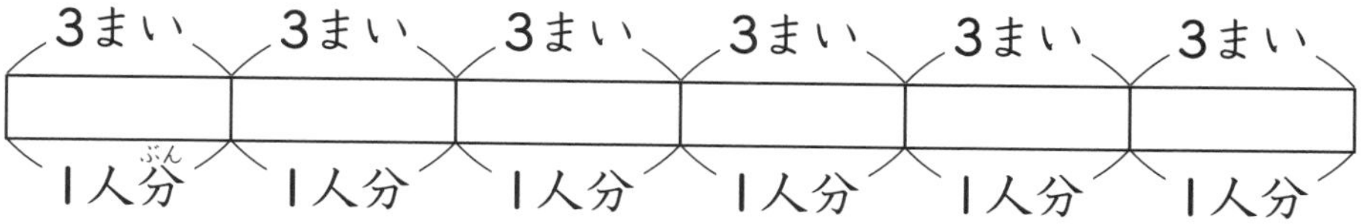

[しき] □ × □ ＝ □

[答(こた)え] □ まい

2 ボールの 入った はこが 7はこ あります。1はこに，ボールは 4こずつ 入って います。ボールは，ぜんぶで 何こですか。

（7はこ：ボールが 4こ 入った はこの 数　4こ：1はこ分の ボールの 数）

[しき] □ × □ ＝ □

[答え] □ こ

べんきょうした日　　月　　日

67 かけ算
かけ算①

れんしゅう

▶▶▶ 答えは べっさつ 17ページ

点数　　点

1 ～ 5 ：しき10点　答え10点

1 １台(だい)に ２人ずつ のれる のりものが，５台 あります。ぜんぶで 何人(なんにん) のれますか。

[しき]

[答(こた)え]

2 １ふくろに ３こずつ 入った りんごが，９ふくろ あります。りんごは，ぜんぶで 何こですか。

[しき]

[答え]

3 １日に ５もんずつ 算数(さんすう)の もんだいを ときます。６日間(かん) つづけると，ぜんぶで 何もん とけますか。

[しき]

[答え]

4 １人に ４本ずつ えんぴつを くばります。３人に くばると，えんぴつは ぜんぶで 何本 いりますか。

[しき]

[答え]

5 １パックに ５はこずつ 入った ティッシュペーパーを，７パック 買(か)います。ティッシュペーパーは，ぜんぶで 何はこに なりますか。

[しき]

[答え]

べんきょうした日　　月　　日

68 かけ算
かけ算①

れんしゅう

▶▶▶ 答えは べっさつ 17ページ

点数　　　点

1～5：しき10点　答え10点

1 タオルが 2まいずつ 入った はこが，4はこ あります。タオルは，ぜんぶで 何(なん)まい ありますか。

[しき]

[答(こた)え]

2 子どもが 7人 います。1人に 3まいずつ 色紙(いろがみ)を くばると，色紙は ぜんぶで 何まい いりますか。

[しき]

[答え]

3 あめを 4こずつ ふくろに つめます。6ふくろ 作(つく)るには，あめは ぜんぶで 何こ いりますか。

[しき]

[答え]

4 5人のりの 車が 2台(だい) あります。車には ぜんぶで 何人 のれますか。

[しき]

[答え]

5 ベンチが 9つ あります。1つの ベンチに 4人ずつ すわると，みんなで 何人 すわれますか。

[しき]

[答え]

69 かけ算
かけ算①

れんしゅう

▶▶▶答えは べっさつ 18ページ

点数　　点

1～5：しき10点　答え10点

1 画用紙(がようし)を 2まいずつ，7人に くばります。画用紙は，ぜんぶで 何(なん)まい いりますか。

[しき]

[答(こた)え]

2 1パックに 3こずつ 入った プリンが あります。5パックでは，プリンは 何こに なりますか。

[しき]

[答え]

3 子どもを 4人ずつの グループに 分(わ)けたら，8つの グループが できました。子どもは，みんなで 何人 いますか。

[しき]

[答え]

4 ボートが 4そう あります。1そうに 3人ずつ のると，ぜんぶで 何人 のれますか。

[しき]

[答え]

5 1人に 5こずつ みかんを くばります。9人に くばるには，みかんは ぜんぶで 何こ いりますか。

[しき]

[答え]

70 かけ算
かけ算②

りかい

▶▶▶ 答えは べっさつ 18ページ

点数　　点

1・2：しき25点　答え25点

1 1ふくろに 6まいずつ 入った 食(しょく)パンが，3ふくろ あります。食パンは，ぜんぶで 何(なん)まい ありますか。

（6まいずつ：1ふくろ分の 食パンの 数）（3ふくろ：食パンが 6まい 入った ふくろの 数）

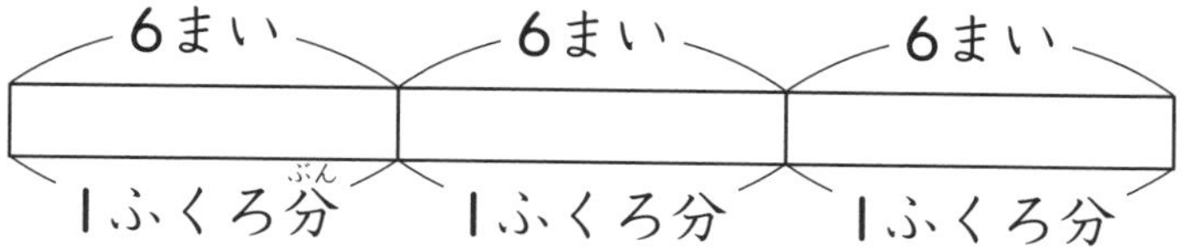

[しき] □ × □ ＝ □

（1ふくろ分の 食パンの 数）×（何ふくろ分）＝（ぜんぶの 食パンの 数）

ぜんぶの 数は かけ算で もとめます。

[答(こた)え] □ まい

2 いちごを 1人 7こずつ 食(た)べます。5人で 食べると，いちごは 何こ いりますか。

（7こずつ：1人分の いちごの 数）（5人：いちごを 食べる 人数）

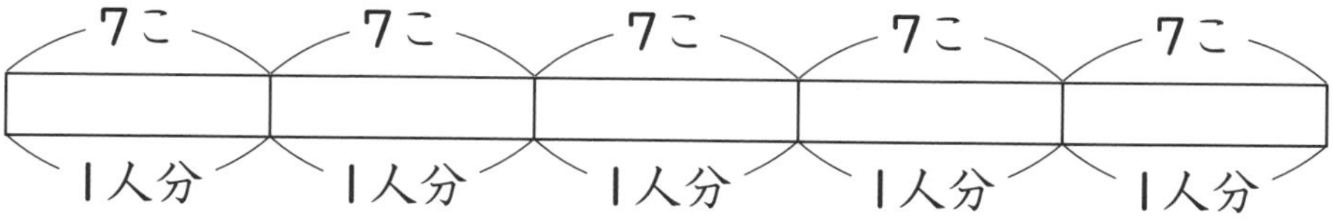

[しき] □ × □ ＝ □

（1人分の いちごの 数）×（何人分）＝（ぜんぶの いちごの 数）

ぜんぶの 数は かけ算で もとめます。

[答え] □ こ

71 かけ算
かけ算②

りかい

▶▶▶ 答えは べっさつ 18ページ

点数　　　点

1・**2**：しき25点　答え25点

1 おり紙で つるを おります。8わずつ（1人分の つるの 数）6人で（つるを おる 人数） おると，ぜんぶで 何わ おれますか。

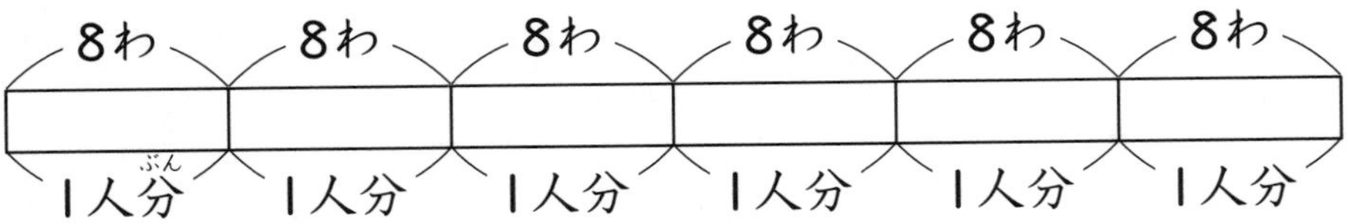

[しき] □ × □ ＝ □

[答え] □ わ

2 1チーム 9人で（1チーム分の 人数），やきゅうの チームを 作ります。4チーム（チームの 数） 作るには，何人 いれば よいですか。

[しき] □ × □ ＝ □

[答え] □ 人

72 かけ算
かけ算②

れんしゅう

▶▶▶ 答えは べっさつ 18ページ

点数　　点

1～5：しき10点　答え10点

1 1日に 7ページずつ 本を 読(よ)みます。6日間(かん)では，何(なん)ページ 読むことに なりますか。

[しき]

[答(こた)え]

2 6さつで 1パックの ノートが あります。4パック 買(か)うと，ノートは 何さつに なりますか。

[しき]

[答え]

3 1まい 8円の 画用紙(がようし)を，7まい 買います。だい金は 何円ですか。

[しき]

[答え]

4 1人 9こずつ にもつを はこびます。2人で はこぶと，にもつは ぜんぶで 何こ はこべますか。

[しき]

[答え]

5 子どもが 5人 います。1人に 8まいずつ カードを くばるには，カードは 何まい いりますか。

[しき]

[答え]

べんきょうした日　　月　　日

73 かけ算
かけ算②

れんしゅう

▶▶▶ 答えは べっさつ 19ページ

点数　　点

1～5：しき10点　答え10点

1 1週間(しゅうかん)は 7日です。4週間では 何日(なんにち)に なりますか。

[しき]

[答え(こた)]

2 6本で 1たばの 花たばを 作(つく)ります。8たば 作るには，花は 何本 いりますか。

[しき]

[答え]

3 テーブルが 3つ あります。1つの テーブルに 子どもが 8人ずつ すわって います。子どもは，みんなで 何人 いますか。

[しき]

[答え]

4 あめを 1人に 9こずつ，6人に くばります。あめは，ぜんぶで 何こ いりますか。

[しき]

[答え]

5 7人のりの 自(じ)どう車が，9台(だい) あります。ぜんぶで 何人 のれますか。

[しき]

[答え]

74 かけ算
かけ算②

れんしゅう

▶▶▶ 答えは べっさつ 19ページ

点数　　点

1～5：しき10点　答え10点

1 1はこに 6こずつ 入った りんごが，7はこ あります。りんごは，ぜんぶで 何(なん)こ ありますか。

[しき]

[答(こた)え]

2 長(なが)いすが 3つ あります。1つの 長いすに 9人ずつ すわると，みんなで 何人 すわれますか。

[しき]

[答え]

3 7cmの テープを 2本 つなぐと，テープの 長さは 何cmに なりますか。

[しき]

[答え]

4 子どもが 4人 います。1人に 8まいずつ 色紙(いろがみ)を くばると，色紙は 何まい いりますか。

[しき]

[答え]

5 子どもが 9人ずつ ならんだ れつが，8れつ あります。子どもは，みんなで 何人 いますか。

[しき]

[答え]

75 かけ算
かけ算③

りかい

▶▶▶ 答えは べっさつ 19ページ

1・2：しき25点　答え25点

点数　　点

1 校ていに，1年生が 6人 います。
(1年生の 人数)
2年生の 人数は，1年生の 5ばいだそうです。2年生は 何人 いますか。
(2年生の 人数)

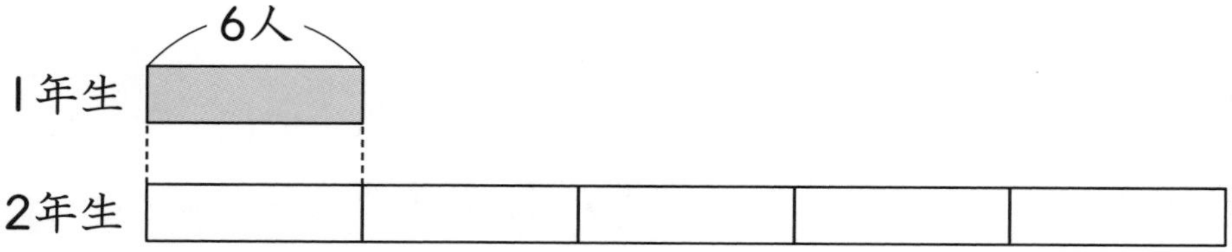

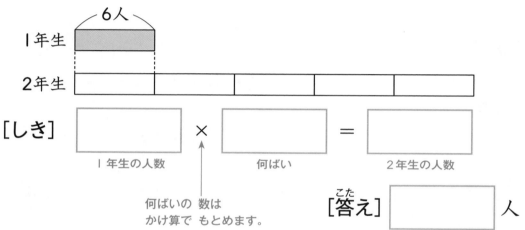

[しき] □ × □ ＝ □
(1年生の人数)　(何ばい)　(2年生の人数)

何ばいの 数は かけ算で もとめます。

[答え] □ 人

2 さとこさんは，色紙を 8まい もって います。お姉さんの もって いる 色紙の 数は，さとこさんの 3ばいです。お姉さんは 色紙を 何まい もって いますか。
(さとこさんの 色紙の 数)
(お姉さんの 色紙の 数)

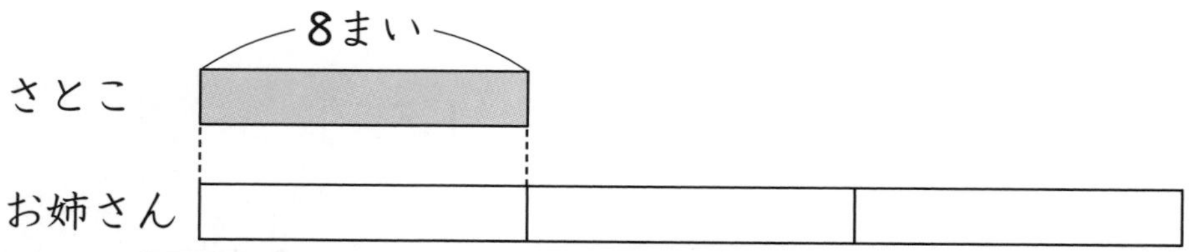

[しき] □ × □ ＝ □
(さとこさんの 色紙の 数)　(何ばい)　(お姉さんの 色紙の 数)

何ばいの 数は かけ算で もとめます。

[答え] □ まい

76 かけ算
かけ算③

りかい

▶▶▶ 答えは べっさつ 19ページ

点数　　点

1・2：しき25点　答え25点

1 りんごが 4こ あります。みかんの 数(かず)は，りんごの 9ばいだそうです。みかんは 何(なん)こ ありますか。

（「4こ」の上：りんごの 数／「りんごの 9ばい」の下：みかんの 数）

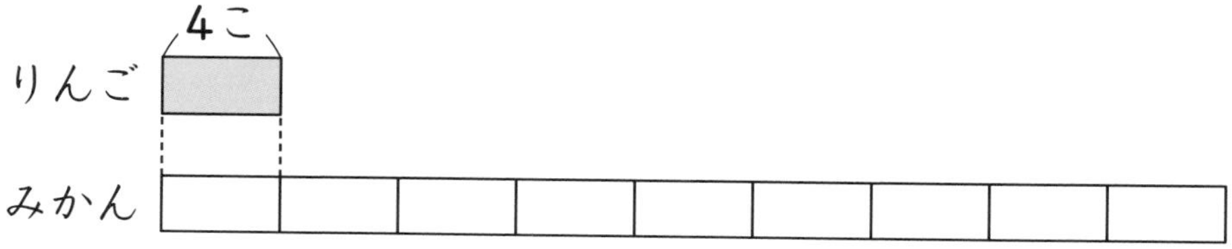

[しき] □ × □ ＝ □

[答(こた)え] □ こ

2 青い リボンと 赤い リボンが あります。青い リボンは 長(なが)さが 3cmで，赤い リボンの 長さは，青い リボンの 7ばいだそうです。赤い リボンは 何cm ありますか。

（「3cm」の下：青い リボンの 長さ／「青い リボンの 7ばい」の上：赤い リボンの 長さ）

[しき] □ × □ ＝ □

[答え] □ cm

べんきょうした日　　月　　日

77 かけ算
かけ算③

れんしゅう

▶▶▶ 答えは べっさつ 20ページ

点数　　点

1～4：しき15点　答え10点

1 まさきさんは，本を 8さつ 買いました。家には，買った 本の 数の 8ばいの 本が あります。家に 本は 何さつ ありますか。

[しき]

[答え]

2 なわとびを しました。1回目は 9回 とびました。2回目は，1回目の 回数の 5ばい とべたそうです。2回目は 何回 とびましたか。

[しき]

[答え]

3 ケーキと プリンが あります。ケーキの 数は 4こで，プリンの 数は ケーキの 数の 6ばいです。プリンは 何こ ありますか。

[しき]

[答え]

4 図書かんに，おとなと 子どもが います。子どもの 人数は 7人で，おとなの 人数は 子どもの 人数の 4ばいだそうです。おとなは 何人 いますか。

[しき]

[答え]

78 かけ算
かけ算③

れんしゅう

▶▶▶ 答えは べっさつ 20ページ

1～4：しき15点　答え10点

点数　　点

1 きのう，クッキーを 2まい 食べました。今日 食べた クッキーの 数は，きのう 食べた 数の 6ばいだそうです。今日は クッキーを 何まい 食べましたか。

[しき]

[答え]

2 大小 2しゅるいの テーブルが あります。小テーブルには 5人 すわれます。大テーブルには，小テーブルの 4ばいの 人数が すわれるそうです。大テーブルには 何人 すわれますか。

[しき]

[答え]

3 1まい 9円の 画用紙が あります。ノートは，画用紙の 9ばいの ねだんです。ノートの ねだんは 何円ですか。

[しき]

[答え]

4 みきさんの 妹は，カードを 6まい もって います。みきさんの カードの 数は，妹の 7ばいだそうです。みきさんは，カードを 何まい もって いますか。

[しき]

[答え]

べんきょうした日　　月　　日

79 かけ算
たし算，ひき算と かけ算

りかい

▶▶▶ 答えは べっさつ 20ページ

点数　　点

1・2：しき25点　答え25点

1 1こ 5円の あめを 3こと，30円の グミを 1こ 買(か)いました。だい金は 何円(なんえん)ですか。

あめと グミの だい金を あわせた だい金

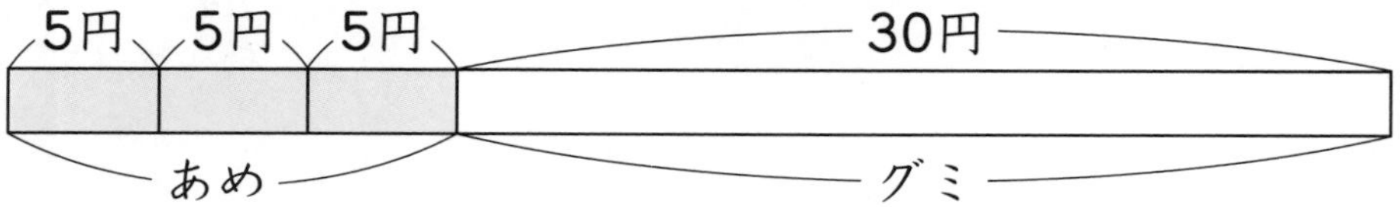

[しき] □ × □ = □

あめ 1この ねだん　何こ分　あめの だい金

□ ＋ □ = □

あめの だい金　グミの だい金　ぜんぶの だい金

[答(こた)え] □ 円

2 子どもが 7人 います。えんぴつを 1人に 7本ずつ くばったら，4本 のこりました。えんぴつは，ぜんぶで 何本 ありましたか。

くばった後に のこった えんぴつの 数

くばった えんぴつと のこった えんぴつを あわせた 数

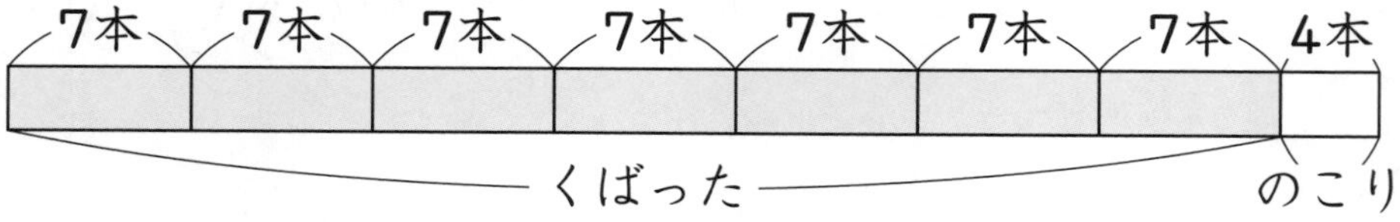

[しき] □ × □ = □

1人分の えんぴつの 数　何人分　くばった えんぴつの 数

□ ＋ □ = □

くばった えんぴつの 数　のこりの えんぴつの 数　ぜんぶの えんぴつの 数

[答え] □ 本

べんきょうした日　　月　　日

80 かけ算
たし算，ひき算と かけ算

りかい

▶▶▶ 答えは べっさつ 20ページ

点数　　点

1・2：しき25点　答え25点

1 4まい入りの クッキーが，2ふくろ あります。友だちに 2まい あげると，のこりは 何まいに なりますか。

はじめの クッキーの 数　／　あげた クッキーの 数　／　友だちに あげた 後に のこる クッキーの 数

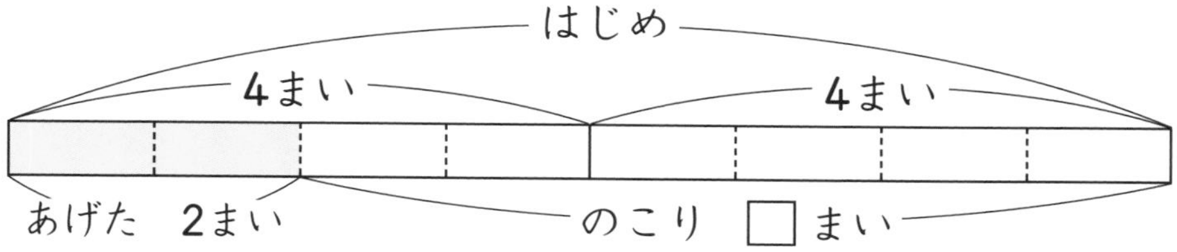

[しき] □ × □ ＝ □
□ － □ ＝ □

[答え] □ まい

2 90円 もって います。1まい 8円の 色紙を 9まい 買うと，のこりは 何円に なりますか。

もって いる お金　／　色紙を 買った 後に のこる お金

[しき] □ × □ ＝ □
□ － □ ＝ □

[答え] □ 円

べんきょうした日　　月　　日

81 かけ算 たし算，ひき算と かけ算

れんしゅう

答えは べっさつ 21ページ

点数　　点

1～4：しき15点　答え10点

1 色紙(いろがみ)を 4人に くばります。3まいずつ くばると，2まい あまりました。色紙は，ぜんぶで 何(なん)まい ありましたか。

[しき]

[答え(こた)]

2 子どもが 8つの 長(なが)いすに 分(わ)かれて すわります。1つの 長いすに 7人ずつ すわると，4人 すわれませんでした。子どもは，みんなで 何人 いますか。

[しき]

[答え]

3 ケーキを 5こずつ はこに 入れて いくと，6はこ できて，4こ あまりました。ケーキは，ぜんぶで 何こ ありましたか。

[しき]

[答え]

4 1まい 6円の 色紙を 9まいと，40円の のりを 1つ 買(か)いました。だい金は ぜんぶで 何円ですか。

[しき]

[答え]

べんきょうした日　　月　　日

82 かけ算 たし算，ひき算と かけ算 れんしゅう

答えは べっさつ 21ページ

点数　　点

1～4：しき15点　答え10点

1 ゆかりさんは，2まい入りの シールを 8ふくろ もって います。妹(いもうと)に 5まい あげました。シールは 何(なん)まい のこって いますか。

[しき]

[答(こた)え]

2 4こ入りの チョコレートが 5はこ あります。8こ 食(た)べました。チョコレートは 何こ のこって いますか。

[しき]

[答え]

3 70ページ ある 本が あります。1日 9ページずつ，7日間(かん) 読(よ)むと，何ページ のこりますか。

[しき]

[答え]

4 あめが 50こ あります。6人に 6こずつ くばると，のこりは 何こですか。

[しき]

[答え]

83 かけ算 かけ算④

りかい

▶▶▶ 答えは べっさつ 21ページ

点数　点

1：しき50点　答え25点

1 1つに 3人ずつ すわれる ベンチが，
ベンチ 1つ分の 人数

8つ あります。みんなで 何人（なんにん） すわれますか。
ベンチの 数

かける数

	1	2	3	4	5	6	7	8
かけられる数 3	3	6	9	12	15	18	21	

① かけられる数（かず）が 3の とき，かける数が 1 ふえると，答え（こた）は いくつ ふえますか。

□ ふえる

② しきを 書（か）いて，答えを もとめましょう。

[しき] □ × □ ＝ □
ベンチ 1つ分の 人数　いくつ分　ベンチに すわれる 人数

[答え] □ 人

84 かけ算
かけ算④

りかい

▶▶▶ 答えは べっさつ 21ページ

点数　　点

1・**2**：しき20点　答え20点

1 カードが 4まいずつ 入った ふくろが，12ふくろ あります。カードは ぜんぶで 何まい ありますか。

（4まいずつ：1ふくろ分の カードの 数）
（12ふくろ：ふくろの 数）

かける数

かけられる数	1	2	3	4	5	6	7	8	9	10	11	12
4	4	8	12	16	20	24	28	32	36	40	44	

① かけられる数が 4の とき，かける数が 1 ふえると，答えは いくつ ふえますか。

□ ふえる

② しきを 書いて，答えを もとめましょう。

[しき] □ × □ = □

[答え] □ まい

2 りんごが 7こずつ 入る はこが，11はこ あります。りんごは ぜんぶで 何こ 入りますか。

（7こずつ：1はこ分の りんごの 数）
（11はこ：はこの 数）

[しき] □ × □ = □

[答え] □ こ

べんきょうした日　月　日

85 かけ算 かけ算④

れんしゅう

▶▶▶ 答えは べっさつ 22ページ

1～4：しき15点　答え8点

点数　点

1 1人に 5本ずつ えんぴつを くばります。

① 9人に くばると，えんぴつは 何本(なんぼん) いりますか。

[しき]

[答え(こた)]

② 1人 ふえると，えんぴつは あと何本 いりますか。

[答え]

2 ゆう園地(えんち)に，2人のりの のりものが 12台(だい) あります。みんなで 何人 のれますか。

[しき]

[答え]

3 1はこに 4こずつ メロンを 入れて いきます。11はこでは，メロンは ぜんぶで 何こ 入りますか。

[しき]

[答え]

4 1日に 6もんずつ 算数(さんすう)の もんだいを といて いきます。12日間(かん)では，ぜんぶで 何もん とくことに なりますか。

[しき]

[答え]

べんきょうした日　　月　　日

86

かけ算の　まとめ

2人は　どこへ　行くのかな？

答えは　べっさつ 22ページ

かずきさんと　ゆきさんは　いっしょに　どこへ　行くのでしょうか？　もんだいを　といて，答えの　数字の　小さい　じゅんに　ひらがなを　ならべて　みましょう。

あつさが 7cmの 本が あります。
2さつ分では，あつさは 何cmですか。　□cm　ぶ

1こ 8円の あめを 9こ 買います。
ぜんぶで 何円に なりますか。　□円　ん

1りん車が 4台 あります。
タイヤは ぜんぶで 何こですか。　□こ　ど

9人ずつの はんが 7はん あります。
みんなで 何人ですか。　□人　え

6まい入りの パンの ふくろが 5ふくろ
あります。ぜんぶで 何まいですか。　□まい　つ

2こ入りの プリンの パックが 5つ
あります。ぜんぶで 何こですか。　□こ　う

答え　□□□□□□

べんきょうした日　　月　　日

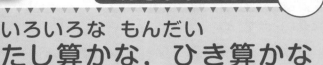

87 いろいろな もんだい たし算かな，ひき算かな

りかい

答えは べっさつ 22ページ

点数　　点

1・2：しき25点　答え25点

1 色紙（いろがみ）が 24まい ありました。何（なん）まいか つかったので，のこりが 17まいに なりました。つかった 色紙は 何まいですか。

（24まい：はじめの 色紙の 数）（17まいに：何まいか つかった 後に のこった 色紙の 数）

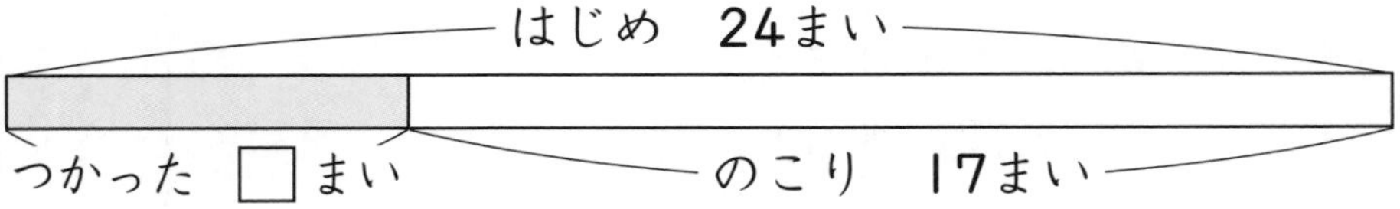

[しき] □ － □ ＝ □

はじめの 色紙の 数　　のこりの 色紙の 数　　つかった 色紙の 数

[答（こた）え] □ まい

2 あめを 38こ もって います。何こか もらったので，ぜんぶで 52こに なりました。もらった あめは 何こですか。

（38こ：はじめの あめの 数）（52こに：もって いる あめと もらった あめを あわせた 数）

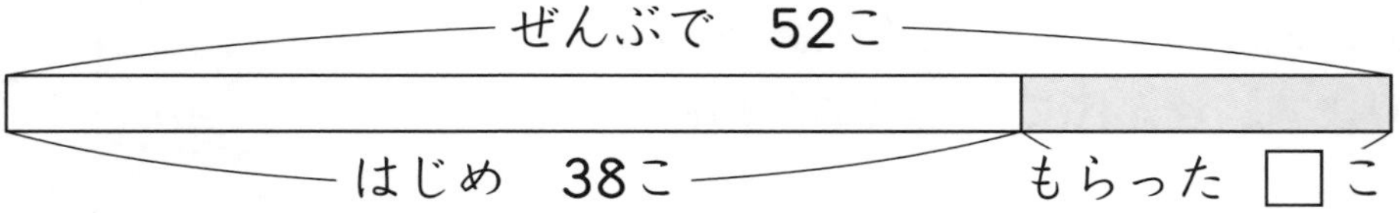

[しき] □ － □ ＝ □

ぜんぶの あめの 数　　はじめの あめの 数　　もらった あめの 数

[答え] □ こ

べんきょうした日　　月　　日

88 いろいろな もんだい たし算かな，ひき算かな

りかい

答えは べっさつ 22ページ

点数　　点

1・2：しき25点　答え25点

1 公園で 子どもが 何人か あそんで います。後から 15人 来たので，みんなで 43人に なりました。はじめに 公園に いた 子どもは 何人でしたか。

（15人 来た：後から 来た 子どもの 数）
（43人：はじめから いた 子どもと 後から 来た 子どもを あわせた 数）

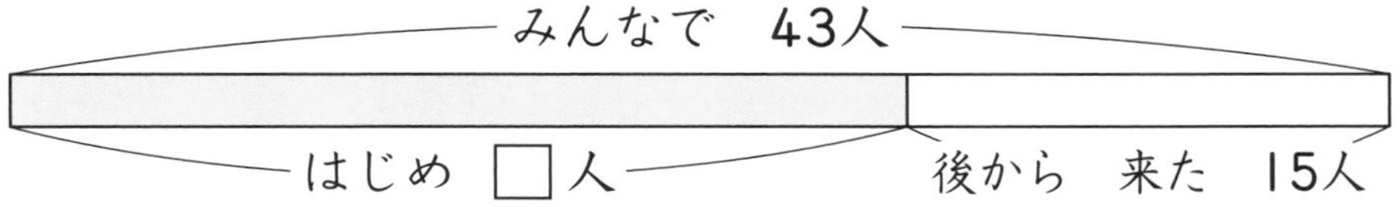

[しき] □ − □ ＝ □

[答え] □ 人

2 みかんが 何こか ありました。6こ 食べたので，のこりが 25こに なりました。みかんは はじめに 何こ ありましたか。

（6こ：食べた みかんの 数）
（25こ：のこりの みかんの 数）

[しき] □ ＋ □ ＝ □

[答え] □ こ

べんきょうした日　月　日

89 いろいろな もんだい たし算かな，ひき算かな

れんしゅう

▶▶▶ 答えは べっさつ 23ページ

点数　点

1～4：しき15点　答え10点

1 画用紙(がようし)が 18まい ありました。何(なん)まいか つかったので，のこりが 11まいに なりました。つかった 画用紙は 何まいですか。

[しき]

[答(こた)え]

2 リボンが 40cm ありました。何cmか つかったので，のこりが 16cmに なりました。何cm つかいましたか。

[しき]

[答え]

3 おはじきを 24こ もって いました。お姉(ねえ)さんから 何こか もらったので，ぜんぶで 30こに なりました。もらった おはじきは 何こですか。

[しき]

[答え]

4 はとが 15わ いました。そこへ 何わか とんで きたので，ぜんぶで 27わに なりました。とんで きた はとは 何わですか。

[しき]

[答え]

べんきょうした日　月　日

90 いろいろな もんだい たし算かな，ひき算かな

れんしゅう

答えは べっさつ 23ページ

点数　点

1～4：しき15点　答え10点

1 校ていで 子どもが 何人(なんにん)か あそんで います。後(あと)から 12人 来(き)たので，みんなで 25人に なりました。はじめに 校ていに いた 子どもは 何人でしたか。

[しき]

[答(こた)え]

2 ジュースが 何本か あります。6本 買(か)って きたので，ぜんぶで 14本に なりました。ジュースは はじめに 何本 ありましたか。

[しき]

[答え]

3 いちごが 何こか ありました。8こ 食(た)べたので，のこりが 19こに なりました。いちごは はじめに 何こ ありましたか。

[しき]

[答え]

4 シールを 何まいか もって いました。弟(おとうと)に 7まい あげたので，のこりが 21まいに なりました。はじめに 何まい もって いましたか。

[しき]

[答え]

91 いろいろな もんだい じゅんばん

りかい

▶▶▶ 答えは べっさつ 23ページ

点数　　点

1・**2**：しき25点　答え25点

1 子どもが 1れつに ならんで います。たかしさんの 前(まえ)には 8人，後(うし)ろには 7人 います。みんなで 何人(なんにん) ならんで いますか。

たかしさんの 前の 人数　たかしさんの 後ろの 人数

たかしさんの 前の 人数と 後ろの 人数に たかしさんを たす

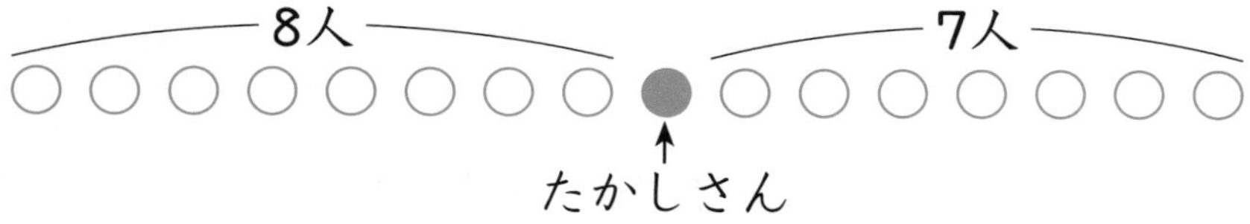

[しき] □ ＋ □ ＋1＝ □

たかしさんの 前の 人数　たかしさんの 後ろの 人数　たかしさんを たす　ぜんぶの 人数

[答(こた)え] □ 人

2 子どもが 12人 ならんで います。ゆきさんの 前には 2人 います。ゆきさんの 後ろには 何人 いますか。

ぜんぶの 人数

ゆきさんの 前の 人数

ぜんぶの 人数から，ゆきさんの 前の 人数と ゆきさんを ひく

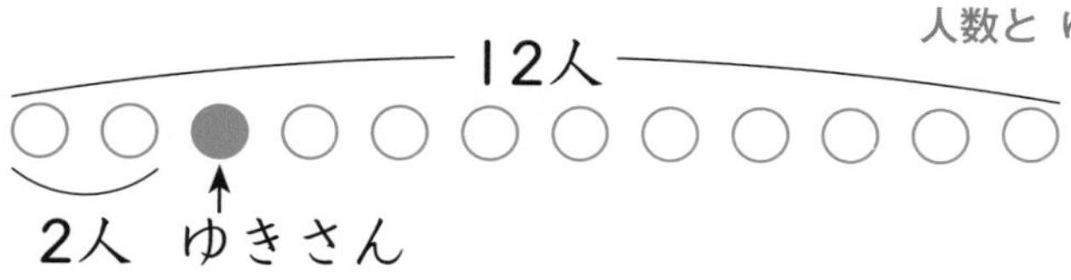

[しき] □ － □ －1＝ □

ぜんぶの 人数　ゆきさんの 前の 人数　ゆきさんを ひく　ゆきさんの 後ろの 人数

[答え] □ 人

92 いろいろな もんだい じゅんばん

りかい

▶▶▶ 答えは べっさつ 23ページ

点数 点

1・**2**：しき25点　答え25点

1 本だなに 本が ならんで います。ものがたりの 本は，左から 5番目(ばんめ)で，右から 9番目です。本は ぜんぶで 何(なん)さつ ならんで いますか。

ものがたりの 本は 左から 5番目　　ものがたりの 本は 右から 9番目

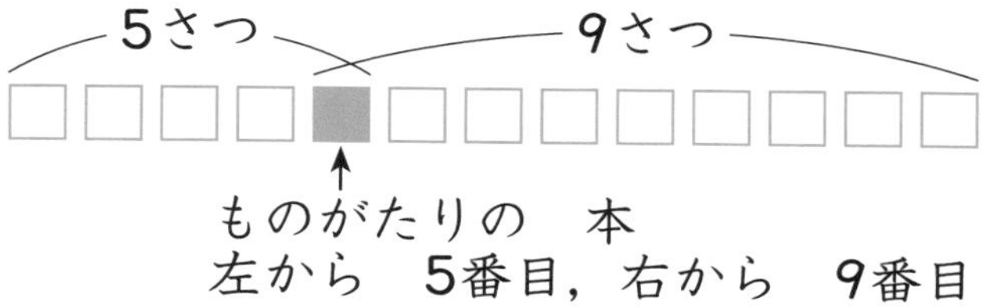

[しき] □ ＋ □ －１＝ □

ものがたりの 本を 2回 数えて いるので 1回分 ひく

[答(こた)え] □ さつ

2 バスていに 人が ならんで います。かおるさんは，前(まえ)から 6番目で，後(うし)ろから 4番目です。ぜんぶで 何人 ならんで いますか。

かおるさんは 前から 6番目　　かおるさんは 後ろから 4番目

[しき] □ ＋ □ －１＝ □

[答え] □ 人

べんきょうした日　　月　　日

93 いろいろな もんだい じゅんばん

れんしゅう

▶▶▶ 答えは べっさつ 24ページ

1～**4**：しき15点　答え10点

点数　　点

1 子どもが 1れつに ならんで います。ひろとさんの 前(まえ)には 9人，後(うし)ろには 4人 います。みんなで 何人(なんにん) ならんで いますか。

[しき]

[答(こた)え]

2 バスていに 人が 1れつに ならんで います。かえでさんの 前には 8人，後ろには 15人 います。みんなで 何人 ならんで いますか。

[しき]

[答え]

3 子どもが よこに 1れつに ならんで います。あらたさんの 左には 16人，右には 13人 います。みんなで 何人 いますか。

[しき]

[答え]

4 めぐみさんの 組(くみ)の 女の子が 1れつに ならんで います。めぐみさんの 前には 3人，後ろには 11人 います。めぐみさんの 組の 女の子は，ぜんぶで 何人ですか。

[しき]

[答え]

94 いろいろな もんだい じゅんばん

れんしゅう

▶▶▶ 答えは べっさつ 24ページ

点数　　　点

1～4：しき15点　答え10点

1 子どもが 18人，1れつに ならんで います。れいなさんの 前(まえ)には 10人 います。れいなさんの 後(うし)ろには 何人(なんにん) いますか。

[しき]

[答(こた)え]

2 きっぷ売(う)り場(ば)に 人が 14人 ならんで います。ゆうじさんの 後ろに 5人 います。ゆうじさんの 前には 何人 いますか。

[しき]

[答え]

3 本だなに 本が ならんで います。どうわの 本は 左から 8番目(ばんめ)で，右から 6番目です。本は ぜんぶで 何さつ ならんで いますか。

[しき]

[答え]

4 子どもが よこに 1れつに ならんで います。たまきさんは 左から 12番目で，右から 7番目です。みんなで 何人 ならんで いますか。

[しき]

[答え]

べんきょうした日　　月　　日

95 いろいろな もんだいの まとめ
かくれて いる 字は 何かな？

答えは べっさつ 24ページ

もんだいを といて，答え(こた)の 数字(すうじ)の ところに 色(いろ)を ぬりましょう。何(なん)の 字が かくれて いるかな？

子どもが 1れつに ならんで います。
さきさんの 前(まえ)には 3人，後(うし)ろには 5人 います。
みんなで 何人 ならんで いますか。　［　　］人

本だなに 本が ならんで います。どうわの 本は
左から 4番目(ばんめ)で，右から 7番目です。
本は ぜんぶで 何さつ ならんで いますか。　［　　］さつ

バスていに 人が 12人 ならんで います。
なおとさんの 後ろに 6人 います。
なおとさんの 前には 何人 いますか。　［　　］人

9	5	9	10	5
10	8	5	7	9
9	10	10	5	10
5	11	8	8	5
10	6	7	11	9

答え［　　］

小学算数 文章題の正しい解き方ドリル 2年・べっさつ

答えとおうちのかた手引き

1 たし算と ひき算 たし算と ひき算① りかい

▶▶▶本さつ２ページ

白い花の数

1 ［しき］ 14＋35＝49

赤い花の数 ぜんぶの花の数

［答え］ 49本

たけしさんのあめの数

2 ［しき］ 27＋40＝67

ゆかさんのあめの数 あわせたあめの数

［答え］ 67こ

ポイント

全部の数やあわせた数を求めるには，たし算を使います。

2 たし算と ひき算 たし算と ひき算① りかい

▶▶▶本さつ３ページ

後から来た子どもの数

1 ［しき］ 32＋6＝38

はじめの子どもの数 あわせた子どもの数

［答え］ 38人

買った色紙の数

2 ［しき］ 58＋17＝75

はじめの色紙の数 ぜんぶの色紙の数

［答え］ 75まい

ポイント

2 はじめの色紙の数に買った色紙の数をたすと，全部の色紙の数を求めることができます。式を立てたら，繰り上がりに注意して計算させましょう。

3 たし算と ひき算 たし算と ひき算① れんしゅう

▶▶▶本さつ４ページ

ずかんの数

1 ［しき］ 35＋24＝59

ものがたりの本の数 ぜんぶの本の数

［答え］ 59さつ

ペンのだい金

2 ［しき］ 12＋71＝83

画用紙のだい金 あわせただい金

［答え］ 83円

はるかさんのどんぐりの数

3 ［しき］ 40＋21＝61

たくやさんのどんぐりの数 あわせたどんぐりの数

［答え］ 61こ

クリームパンの数

4 ［しき］ 6＋30＝36

あんパンの数 ぜんぶのパンの数

［答え］ 36こ

妹のカードの数

5 ［しき］ 28＋19＝47

みかさんのカードの数 あわせたカードの数

［答え］ 47まい

4 たし算と ひき算 たし算と ひき算① れんしゅう

▶▶▶本さつ５ページ

買ったみかんの数

1 ［しき］ 82＋4＝86

はじめのみかんの数 ぜんぶのみかんの数

［答え］ 86こ

もらったシールの数

2 ［しき］ 37＋15＝52

はじめのシールの数 ぜんぶのシールの数

［答え］ 52まい

今日ひろったあきかんの数

3 ［しき］ 68＋27＝95

きのうまでのあきかんの数 ぜんぶのあきかんの数

［答え］ 95こ

後から入ってきた車の数

4 ［しき］ 46＋18＝64

はじめの車の数 ぜんぶの車の数

［答え］ 64台

ポイント

2 持っていたシールの数に，もらったシールの数をたすと，全部のシールの数を求めることができます。

5 たし算と　ひき算
たし算と　ひき算② りかい

本さつ6ページ

1 [しき]　28＋4＝32（2組は4人多い／1組の人数　2組の人数）

[答え]　32人

2 [しき]　49＋21＝70（みかんは21こ多い／りんごの数　みかんの数）

[答え]　70こ

ポイント

多いほうの数を求めるので，たし算になります。どちらが多いほうの数かを，しっかり読み取らせましょう。

6 たし算と　ひき算
たし算と　ひき算② りかい

本さつ7ページ

1 [しき]　35＋16＝51（色紙は16枚多い／画用紙の数　色紙の数）

[答え]　51まい

2 [しき]　7＋55＝62（ぶどうジュースは55本多い／やさいジュースの数　ぶどうジュースの数）

[答え]　62本

ポイント

多いほうの数を求めるので，たし算になります。問題文をよく読んでから図を見て，どちらが多いほうの数かを間違えないように注意させましょう。計算をするときには，繰り上がりに気をつけるよう，見てあげてください。

ここが ニガテ

どちらが多いほうの数かを間違えないようにすることが大切です。問題文をよく読んで，出てきた数の下に線をひいたり，○をつけたりして考えるようにさせるとよいでしょう。また，自分で 1 のような図をかいて考えられるようになると，式を立てる力がつきます。はじめは，載っている図を見ながら真似をしてかく練習をし，だんだんと自分でかけるようにしていくとよいでしょう。

7 たし算と　ひき算
たし算と　ひき算② れんしゅう

本さつ8ページ

1 [しき]　33＋27＝60（今日は27まい多くやいた／きのうやいたクッキーの数　今日やいたクッキーの数）

[答え]　60まい

2 [しき]　24＋58＝82（チョコレートは58円高い／ガムのねだん　チョコレートのねだん）

[答え]　82円

3 [しき]　56＋35＝91（お姉さんは35回多くとんだ／ちなつさんのとんだ回数　お姉さんのとんだ回数）

[答え]　91回

4 [しき]　17＋28＝45（たまねぎは28こ多い／ピーマンの数　たまねぎの数）

[答え]　45こ

ポイント

多いほうの数を求めるので，たし算になります。どちらが多いほうの数かを間違えないように気をつけさせます。わからないときは，6～7ページのように，図にかいて考えさせるとよいでしょう。

8 たし算と　ひき算
たし算と　ひき算③ りかい

本さつ9ページ

1 [しき]　79－51＝28（けしゴムのねだん／もっているお金　のこりのお金）

[答え]　28円

2 [しき]　50－20＝30（あげるおはじきの数／はじめのおはじきの数　のこりのおはじきの数）

[答え]　30こ

ポイント

1 持っているお金から，消しゴムのねだんをひくと，残りのお金が求められます。

2 はじめのおはじきの数から，あげるおはじきの数をひくと，残りのおはじきの数が求められます。

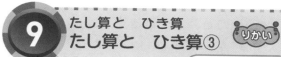

9 たし算と　ひき算
たし算と　ひき算③　りかい

本さつ10ページ

1 [しき]　56－37＝19
（まさとさんのつんだ数／さとみさんのつんだ数／つんだ数のちがい）
[答え]　さとみさんが　19こ　多く　つんだ。

2 [しき]　62－17＝45
（妹のシールの数／みくさんのシールの数／シールの数のちがい）
[答え]　みくさんが　45まい　多い。

ポイント

違いはひき算を使って求めます。多いほうから少ないほうをひきます。問題文をよく読んでから図を見て，どちらが多いほうかを考えさせましょう。「どちらがどれだけ多いか」を答えます。

10 たし算と　ひき算
たし算と　ひき算③　れんしゅう

本さつ11ページ

1 [しき]　48－36＝12
（帰った子どもの数／はじめの子どもの数／のこりの子どもの数）
[答え]　12人

2 [しき]　94－51＝43
（読んだページ数／ぜんぶのページ数／のこりのページ数）
[答え]　43ページ

3 [しき]　86－60＝26
（出ていった車の数／はじめの車の数／のこりの車の数）
[答え]　26台

4 [しき]　39－7＝32
（あげた花の数／はじめの花の数／のこりの花の数）
[答え]　32本

5 [しき]　75－25＝50
（つかったびんせんの数／はじめのびんせんの数／のこりのびんせんの数）
[答え]　50まい

ポイント

残りの数を求めるので，ひき算になります。

11 たし算と　ひき算
たし算と　ひき算③　れんしゅう

本さつ12ページ

1 [しき]　85－57＝28
（あきさんのとんだ回数／ゆうじさんのとんだ回数／とんだ回数のちがい）
[答え]　ゆうじさんが　28回　多く　とんだ。

2 [しき]　43－26＝17
（ももの数／なしの数／なしとももの数のちがい）
[答え]　なしが　17こ　多い。

3 [しき]　64－18＝46
（弟のとった数／ゆきさんのとった数／とった数のちがい）
[答え]　ゆきさんが　46まい　多く　とった。

4 [しき]　91－39＝52
（えんぴつのねだん／けしゴムのねだん／ねだんのちがい）
[答え]　けしゴムが　52円　高い。

ポイント

違いを求めるので，ひき算になります。多いほうから少ないほうをひきます。「どちらがどれだけ多いか」を答えます。
繰り下がりに注意して計算させましょう。

12 たし算と　ひき算
たし算と　ひき算④　りかい

本さつ13ページ

1 [しき]　93－45＝48
（2年生の女の子の人数／2年生ぜんぶの人数／2年生の男の子の人数）
[答え]　48人

2 [しき]　50－23＝27
（さいている花の数／ぜんぶの花の数／さいていない花の数）
[答え]　27本

ポイント

1 女の子の人数と男の子の人数をたすと，2年生の人数になることから，男の子の人数を求めるには，2年生の人数から女の子の人数はひけばよいことに気づかせましょう。図を見て確認させるとよいでしょう。

13 たし算と　ひき算　たし算と　ひき算④　りかい

▶▶▶本さつ14ページ

1 [しき]　70－36＝34
（白組は36こ少ない／赤組の玉の数　白組の玉の数）
[答え]　34こ

2 [しき]　52－47＝5
（黄色い花は47本少ない／赤い花の数　黄色い花の数）
[答え]　5本

ポイント

少ないほうの数を求めるので，ひき算になります。問題文をよく読んでから図を見て，どちらが少ないほうの数かを確認させてください。

14 たし算と　ひき算　たし算と　ひき算④　れんしゅう

▶▶▶本さつ15ページ

1 [しき]　70－19＝51
（赤いボールの数／あわせたボールの数　白いボールの数）
[答え]　51こ

2 [しき]　65－36＝29
（おとなの人数／ぜんぶの人数　子どもの人数）
[答え]　29人

3 [しき]　32－17＝15
（売れのこったケーキの数／作ったケーキの数　売れたケーキの数）
[答え]　15こ

4 [しき]　46－38＝8
（つかっていないタオルの数／ぜんぶのタオルの数　つかったタオルの数）
[答え]　8まい

ポイント

1 赤いボールの数と白いボールの数をたすと，あわせたボールの数になることから，白いボールの数は，あわせたボールの数から赤いボールの数をひけば求められることに気づかせましょう。「あわせて」という言葉を見て，たし算の式を立ててしまう子どもがいます。式を間違えるようでしたら，もう一度13ページに戻って，図を見ながら考えさせるとよいでしょう。

15 たし算と　ひき算　たし算と　ひき算④　れんしゅう

▶▶▶本さつ16ページ

1 [しき]　43－6＝37
（お母さんは6才年下／お父さんの年　お母さんの年）
[答え]　37才

2 [しき]　80－12＝68
（東小学校の2年生は12人少ない／西小学校の2年生の人数　東小学校の2年生の人数）
[答え]　68人

3 [しき]　55－27＝28
（かずきさんのカードは27まい少ない／ともみさんのカードの数　かずきさんのカードの数）
[答え]　28まい

4 [しき]　91－46＝45
（画用紙は46円やすい／ノートのねだん　画用紙のねだん）
[答え]　45円

ポイント

少ないほうの数を求めるので，ひき算になります。どちらが少ないほうの数かを間違えないように注意させましょう。

16 たし算と ひき算の まとめ①　ねこが とって いった ものは 何?

▶▶▶本さつ17ページ

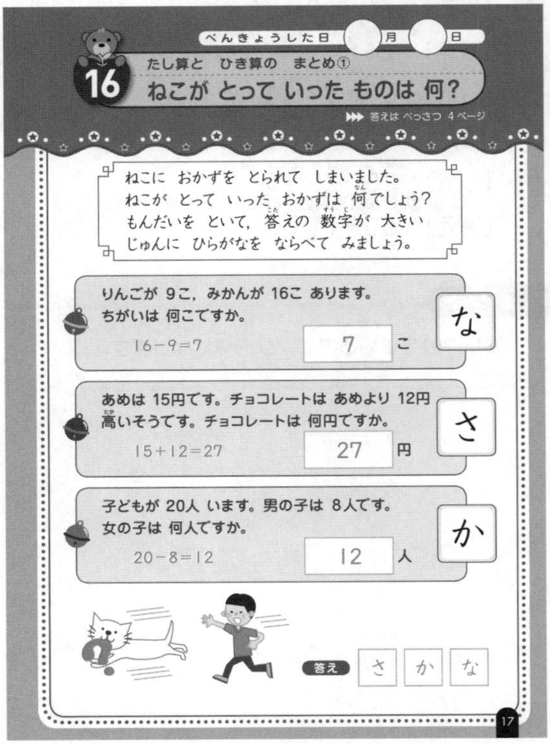
べんきょうした日　月　日
16 たし算と　ひき算の　まとめ①
ねこが とって いった ものは 何?
▶▶▶答えは べっさつ 4ページ

ねこに おかずを とられて しまいました。
ねこが とって いった おかずは 何でしょう?
もんだいを といて，答えの 数字が 大きい じゅんに ひらがなを ならべて みましょう。

りんごが 9こ，みかんが 16こ あります。ちがいは 何こですか。
16－9＝7　7 こ　な

あめは 15円です。チョコレートは あめより 12円 高いそうです。チョコレートは 何円ですか。
15＋12＝27　27 円　さ

子どもが 20人 います。男の子は 8人です。女の子は 何人ですか。
20－8＝12　12 人　か

答え　さ　か　な

17

17 たし算と　ひき算
たし算と　ひき算⑤

りかい

本さつ18ページ

1 [しき]　75＋41＝116
（赤いシールの数＋黄色いシールの数＝ぜんぶのシールの数）
[答え]　116まい

2 [しき]　83＋92＝175
（1年生の人数＋2年生の人数＝あわせた人数）
[答え]　175人

ポイント

1 全部の数はたし算で求めます。

2 あわせた数はたし算で求めます。正しく式を立てることができたら，百の位への繰り上がりに気をつけて計算させましょう。

18 たし算と　ひき算
たし算と　ひき算⑤

りかい

本さつ19ページ

1 [しき]　92＋27＝119
（はじめのカードの数＋もらったカードの数＝ぜんぶのカードの数）
[答え]　119まい

2 [しき]　152＋38＝190
（はじめの車の数＋後から来た車の数＝ぜんぶの車の数）
[答え]　190台

ポイント

1 はじめのカードの数に，もらったカードの数をたすと，全部のカードの数が求められます。

2 はじめの車の数に，後から来た車の数をたすと，全部の車の数を求めることができます。繰り上がりに気をつけて計算させてください。

19 たし算と　ひき算
たし算と　ひき算⑤

れんしゅう

本さつ20ページ

1 [しき]　53＋62＝115
（きのうおったつるの数＋今日おったつるの数＝ぜんぶのつるの数）
[答え]　115わ

2 [しき]　40＋91＝131
（おとなの人数＋子どもの人数＝ぜんぶの人数）
[答え]　131人

3 [しき]　32＋76＝108
（1回目にとんだ回数＋2回目にとんだ回数＝あわせた回数）
[答え]　108回

4 [しき]　85＋64＝149
（ドーナツのねだん＋ジュースのねだん＝あわせただい金）
[答え]　149円

ポイント

全部の数や，あわせた数を求めるには，たし算を使います。

20 たし算と　ひき算
たし算と　ひき算⑤

れんしゅう

本さつ21ページ

1 [しき]　87＋39＝126
（はじめの人数＋後から来た人数＝ぜんぶの人数）
[答え]　126人

2 [しき]　45＋57＝102
（はじめの色紙の数＋今日買う色紙の数＝ぜんぶの色紙の数）
[答え]　102まい

3 [しき]　94＋48＝142
（きのうまでに読んだページ数＋今日読むページ数＝ぜんぶのページ数）
[答え]　142ページ

4 [しき]　316＋65＝381
（はじめにもっていたお金＋もらうお金＝ぜんぶのお金）
[答え]　381円

ポイント

1 はじめの人数に，後から来た人数をたすと，全部の人数が求められます。

21 たし算と　ひき算　たし算と　ひき算⑥ りかい

本さつ22ページ

1 [しき]　82＋59＝141（りんごの数＋みかんは59こ多い＝みかんの数）

[答え]　141こ

2 [しき]　68＋95＝163（ふうとうの数＋びんせんは95まい多い＝びんせんの数）

[答え]　163まい

ポイント

多いほうの数を求めるので，たし算になります。どちらが多いほうの数かを，しっかり読み取らせてください。式の立て方で迷っている子どもには，もう一度問題文をよく読ませてから図で確認させるとよいでしょう。出てきた数の下に線をひいたり，○をつけたりして考えさせるのも理解を助けます。

式を正しく立てることができたら，繰り上がりに注意して計算させてください。

22 たし算と　ひき算　たし算と　ひき算⑥ りかい

本さつ23ページ

1 [しき]　128＋52＝180（シュークリームのねだん＋プリンは52円高い＝プリンのねだん）

[答え]　180円

2 [しき]　627＋18＝645（南小学校の人数＋東小学校は18人多い＝東小学校の人数）

[答え]　645人

ポイント

1 高いほうのねだんを求めるので，たし算になります。どちらが高いほうかを間違えないように気をつけさせましょう。

2 多いほうの数を求めるので，たし算です。東小学校の人数のほうが南小学校の人数よりも多いことを，しっかり確認させてください。

23 たし算と　ひき算　たし算と　ひき算⑥ れんしゅう

本さつ24ページ

1 [しき]　69＋32＝101（こうたさんのカードの数＋けんじさんのカードは32まい多い＝けんじさんのカードの数）

[答え]　101まい

2 [しき]　76＋58＝134（ひろとさんの本の数＋お兄さんの本は58さつ多い＝お兄さんの本の数）

[答え]　134さつ

3 [しき]　234＋56＝290（工作のりのねだん＋はさみは56円高い＝はさみのねだん）

[答え]　290円

4 [しき]　379＋18＝397（青いボールの数＋黄色いボールは18こ多い＝黄色いボールの数）

[答え]　397こ

ポイント

多いほうの数や，高いほうのねだんを求めるので，たし算になります。

ここが ニガテ

どちらが多いほうの数か，高いほうのねだんかを間違えないことが大切です。理解しにくい子どもには，22～23ページのような図をかいて考えさせるとよいでしょう。はじめは載っている図を見ながら真似をしてかく練習をします。長さは大体で構いません。大事なのは，多いほうを長く，少ないほうを短くかくことです。慣れるまでは見てあげてください。

24 たし算と　ひき算　たし算と　ひき算⑦ りかい

本さつ25ページ

1 [しき]　137－84＝53（もっているお金－おかしのねだん＝のこりのお金）

[答え]　53円

2 [しき]　145－63＝82（はじめのいちごの数－食べたいちごの数＝のこりのいちごの数）

[答え]　82こ

ポイント

1 持っているお金からおかしのねだんをひくと，残りのお金が求められます。

2 はじめのいちごの数から食べたいちごの数をひくと，残りのいちごの数が求められます。

25 たし算と　ひき算 たし算と　ひき算⑦ りかい

本さつ26ページ

1 [しき]　119－95＝24
（白組の玉の数／赤組の玉の数／数のちがい）
[答え]　赤組が　24こ　多く　入れた。

2 [しき]　106－51＝55
（えんぴつのねだん／ノートのねだん／ねだんのちがい）
[答え]　ノートが　55円　高い。

ポイント

違いはひき算を使って求めます。多いほうから少ないほうをひきます。問題文をよく読んでから図を見て，どちらが多いほうかを確認させましょう。
「どちらがどれだけ多いか」を答えます。
百の位からの繰り下がりに気をつけて計算させてください。

26 たし算と　ひき算 たし算と　ひき算⑦ れんしゅう

本さつ27ページ

1 [しき]　148－47＝101
（つかった画用紙の数／はじめの画用紙の数／のこりの画用紙の数）
[答え]　101まい

2 [しき]　126－74＝52
（帰った子どもの数／はじめの子どもの数／のこりの子どもの数）
[答え]　52人

3 [しき]　158－91＝67
（読んだページ数／ぜんぶのページ数／のこりのページ数）
[答え]　67ページ

4 [しき]　135－62＝73
（あげたビー玉の数／はじめのビー玉の数／のこりのビー玉の数）
[答え]　73こ

5 [しき]　114－32＝82
（くばった風船の数／はじめの風船の数／のこりの風船の数）
[答え]　82こ

ポイント

残りの数を求めるので，ひき算になります。

2 はじめの人数から帰った人数をひくと，残りの人数が求められます。

3 全部のページ数から読んだページ数をひくと，残りのページ数が求められます。

27 たし算と　ひき算 たし算と　ひき算⑦ れんしゅう

本さつ28ページ

1 [しき]　121－91＝30
（2組のあきかんの数／1組のあきかんの数／数のちがい）
[答え]　1組が　30こ　多く　ひろった。

2 [しき]　115－74＝41
（まいさんのとんだ回数／あきらさんのとんだ回数／回数のちがい）
[答え]　あきらさんが　41回　多く　とんだ。

3 [しき]　139－54＝85
（チョコクッキーの数／バタークッキーの数／数のちがい）
[答え]　バタークッキーが　85まい　多い。

4 [しき]　107－43＝64
（妹のおはじきの数／ひとみさんのおはじきの数／数のちがい）
[答え]　ひとみさんが　64こ　多い。

ポイント

違いを求めるので，ひき算になります。多いほうから少ないほうをひきます。問題文をよく読んで，どちらが多いほうかを間違えないように注意させます。「どちらがどれだけ多いか」を答えます。

28 たし算と　ひき算 たし算と　ひき算⑧ りかい

本さつ29ページ

1 [しき]　162－87＝75
（赤い花の数／あわせた花の数／黄色い花の数）
[答え]　75本

2 [しき]　145－76＝69
（はこに入っているボールの数／ぜんぶのボールの数／はこに入っていないボールの数）
[答え]　69こ

ポイント

1 赤い花の数と黄色い花の数をたすと，あわせた数になることから，黄色い花の数を求めるには，あわせた数から赤い花の数をひけばよいことに気づかせましょう。図を見て，しっかり確認させてください。

29 たし算と　ひき算
たし算と　ひき算⑧　りかい

本さつ30ページ

弟のシールは８まい少ない

1 ［しき］　101－8＝93

たかしさんのシールの数　弟のシールの数

［答え］　93まい

ロールケーキは64円やすい

2 ［しき］　372－64＝308

ショートケーキのねだん　ロールケーキのねだん

［答え］　308円

ポイント

1 少ないほうの数を求めるので，ひき算になります。

2 安いほうのねだんを求めるので，ひき算になります。

30 たし算と　ひき算
たし算と　ひき算⑧　れんしゅう

本さつ31ページ

ちえみさんのどんぐりの数

1 ［しき］　125－59＝66

あわせたどんぐりの数　けいたさんのどんぐりの数

［答え］　66こ

おとなの人数

2 ［しき］　104－46＝58

あわせた人数　子どもの人数

［答え］　58人

ずかんの数

3 ［しき］　107－28＝79

あわせた本の数　ものがたりの本の数

［答え］　79さつ

えんぴつのねだん

4 ［しき］　162－75＝87

あわせただい金　ノートのねだん

［答え］　87円

ポイント

1 ちえみさんとけいたさんのどんぐりの数をたすと，125こになることから，けいたさんのどんぐりの数は，125こからちえみさんのどんぐりの数をひけば求められることに気づかせましょう。

2・**3** 「あわせて」という言葉を見て，たし算の式を立ててしまう子どもがいます。式を間違えるようでしたら，もう一度29ページに戻って，図を見ながら考えさせるとよいでしょう。

31 たし算と　ひき算
たし算と　ひき算⑧　れんしゅう

本さつ32ページ

きのうの入場しゃ数は38人少ない

1 ［しき］　654－38＝616

今日の入場しゃ数　きのうの入場しゃ数

［答え］　616人

りんごは26こ少ない

2 ［しき］　351－26＝325

みかんの数　りんごの数

［答え］　325こ

ふうとうは4まい少ない

3 ［しき］　413－4＝409

びんせんの数　ふうとうの数

［答え］　409まい

しょくぶつずかんは19ページ少ない

4 ［しき］　192－19＝173

どうぶつずかんのページ数　しょくぶつずかんのページ数

［答え］　173ページ

ポイント

少ないほうの数を求めるので，ひき算になります。問題文をよく読んで，どちらが少ないほうの数かを間違えないように注意させましょう。わかりにくいときは，図をかいて考えさせるとよいでしょう。

32 たし算と　ひき算
たし算と　ひき算⑨　りかい

本さつ33ページ

女の子は男の子より５人少ない

1 ［しき］　17－5＝12

男の子の人数　女の子の人数

［答え］　12人

チョコレートはラムネより40円高い

2 ［しき］　55＋40＝95

ラムネのねだん　チョコレートのねだん

［答え］　95円

ポイント

1 問題文に「多い」とあるのを見て，たし算の式と考えてしまう子どもがいるので注意が必要です。男の子は女の子より多い→女の子は男の子より少ない→ひき算で求める，と考えます。問題文をよく読んでから，図を見てもう一度確認させてください。

2 「安い」という言葉を見て，ひき算にしないように気をつけます。図をかいて考えると，たし算で求めることがわかります。

33 たし算と　ひき算　たし算と　ひき算⑨　りかい

▶▶▶本さつ34ページ

1 ［しき］　24＋13＝37
（赤いボールは13こ多い）
（青いボールの数　赤いボールの数）
［答え］　37こ

2 ［しき］　85－25＝60
（けしゴムは25円やすい）
（ものさしのねだん　けしゴムのねだん）
［答え］　60円

ポイント

1 「少ない」という言葉からひき算にしないように注意します。求める赤いボールの数は，青いボールより多いので，たし算になります。

2 消しゴムのねだんはものさしより安いので，ひき算になります。

34 たし算と　ひき算　たし算と　ひき算⑨　れんしゅう

▶▶▶本さつ35ページ

1 ［しき］　40－30＝10
（黒い自どう車は30台少ない）
（白い自どう車の数　黒い自どう車の数）
［答え］　10台

2 ［しき］　95－15＝80
（クリームパンは15円やすい）
（あんパンのねだん　クリームパンのねだん）
［答え］　80円

3 ［しき］　34＋3＝37
（犬は3びき多い）
（さるの数　犬の数）
［答え］　37ひき

4 ［しき］　68－6＝62
（しんごさんのとんだ回数は6回少ない）
（ゆかさんのとんだ回数　しんごさんのとんだ回数）
［答え］　62回

ポイント

1 黒い自動車の数は，白い自動車の数より少ないので，ひき算で求めます。

4 しんごさんのとんだ回数は，ゆかさんより少ないので，ひき算になります。

ここがニガテ

「多い」「少ない」といった言葉にとらわれて立式を間違えないように注意します。求める数が何かをしっかり読み取り，たし算かひき算かを考えさせます。33～34ページのように図をかいて考えると，式を立てる力をつけることができます。

35 たし算と　ひき算　たし算と　ひき算⑨　れんしゅう

▶▶▶本さつ36ページ

1 ［しき］　50＋20＝70
（おとなは20人多い）
（子どもの人数　おとなの人数）
［答え］　70人

2 ［しき］　60＋25＝85
（赤い花は25本多い）
（黄色い花の数　赤い花の数）
［答え］　85本

3 ［しき］　15－4＝11
（さくらさんの読んだ本は4さつ少ない）
（みさきさんの読んだ本の数　さくらさんの読んだ本の数）
［答え］　11さつ

4 ［しき］　25＋10＝35
（白い風船は10こ多い）
（赤い風船の数　白い風船の数）
［答え］　35こ

ポイント

3 さくらさんの読んだ本の数は，みさきさんより少なかったので，ひき算で求めます。

4 白い風船の数は赤い風船より多いので，たし算で求めます。

36 たし算と ひき算の まとめ②　おやつの くだものは 何かな？

▶▶▶本さつ37ページ

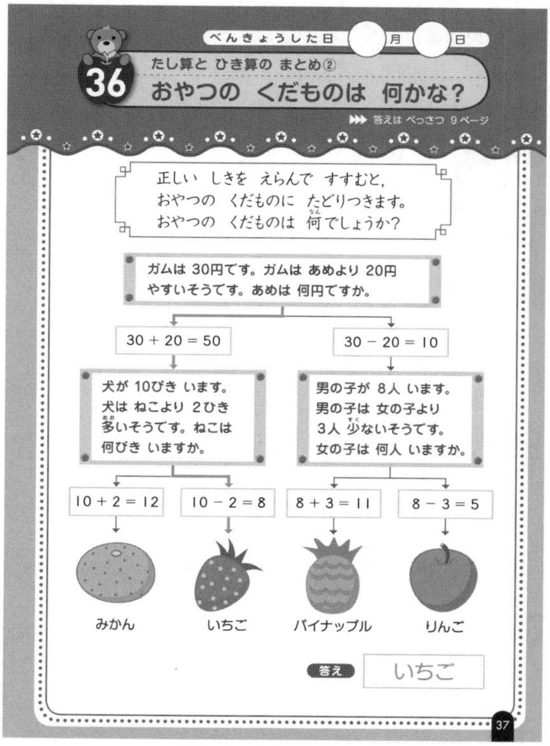

37 計算の　くふう 3つの 数の 計算①

りかい

本さつ38ページ

また後から来た子どもの数

1 [しき]　6+4=10

後から来た子どもの数 ふえた子どもの数

ふえた子どもの数

13+10=23

はじめの子どもの数　ぜんぶの子どもの数

[答え]　23人

つかったシールの数

2 [しき]　15−8=7

もらったシールの数 ふえたシールの数

ふえたシールの数

12+7=19

はじめのシールの数 ぜんぶのシールの数

[答え]　19まい

ポイント

1 後から来た子どもの数をまとめてたして求めます。13+6=19，19+4=23と，順にたして求めることもできますが，ここでは，6+4の計算を先にすることで，計算が簡単になることに気づかせてください。42ページから学習する（　）を使った式の計算につながります。

ここがニガテ

2 もらったシールの数から使ったシールの数をひくことで，増えたシールの数を求めることができることを，図を見て確認させてください。

「増えて減り，結果的に増える」ことの理解は，子どもには難しいので，段階を追って，ていねいに見てあげてください。

38 計算の　くふう 3つの 数の 計算①

りかい

本さつ39ページ

今日買った色紙の数

1 [しき]　8+2=10

きのう買った色紙の数 ふえた色紙の数

ふえた色紙の数

25+10=35

はじめの色紙の数　ぜんぶの色紙の数

[答え]　35まい

あめのだい金

2 [しき]　45−25=20

もらったお金　ふえたお金

ふえたお金

50+20=70

もっていたお金　ぜんぶのお金

[答え]　70円

ポイント

2 先に，もらったお金からあめの代金をひいて，増えたお金を求めます。

39 計算の　くふう 3つの 数の 計算①

れんしゅう

本さつ40ページ

またとんできたすずめの数

1 [しき]　7+3=10

とんできたすずめの数　ふえたすずめの数

ふえたすずめの数

48+10=58

はじめのすずめの数　ぜんぶのすずめの数

[答え]　58わ

またつぎの日にさいた花の数

2 [しき]　5+5=10

つぎの日にさいた花の数 さいた花の数の合計

さいた花の数の合計

37+10=47

はじめの花の数　ぜんぶの花の数

[答え]　47本

帰った子どもの数

3 [しき]　14−8=6

来た子どもの数　ふえた子どもの数

ふえた子どもの数

24+6=30

はじめの子どもの数 ぜんぶの子どもの数

[答え]　30人

食べたいちごの数

4 [しき]　16−12=4

買ってきたいちごの数　ふえたいちごの数

ふえたいちごの数

35+4=39

はじめのいちごの数 ぜんぶのいちごの数

[答え]　39こ

ポイント

3 先に，来た子どもの数から帰った子どもの数をひいて，増えた子どもの数を求めます。

40 計算の　くふう 3つの 数の 計算①

れんしゅう

本さつ41ページ

ことし買ってもらった本の数

1 [しき]　9+11=20

きょ年買ってもらった本の数 ふえた本の数

ふえた本の数

56+20=76

はじめの本の数　ぜんぶの本の数

[答え]　76さつ

もらったあめの数

2 [しき]　14−8=6

食べたあめの数　へったあめの数

へったあめの数

25−6=19

はじめのあめの数　ぜんぶのあめの数

[答え]　19こ

買ったカードの数

3 [しき]　13+7=20

もらったカードの数 ふえたカードの数

ふえたカードの数

34+20=54

はじめのカードの数　ぜんぶのカードの数

[答え]　54まい

出ていった車の数

4 [しき]　36−25=11

入ってきた車の数　ふえた車の数

ふえた車の数

71+11=82

はじめの車の数　ぜんぶの車の数

[答え]　82台

41 計算の くふう 3つの 数の 計算② りかい

本さつ42ページ

1 [しき] 21 + (8 + 12) = 41
（きのうもらった色紙の数：はじめの色紙の数 21、今日もらった色紙の数 8 + 12、ぜんぶの色紙の数 41）
[答え] 41まい

2 [しき] 55 + (30 + 10) = 95
（グミのねだん：けしゴムのねだん 55、あめのねだん、ぜんぶのねだん 95）
[答え] 95円

ポイント

たし算が2回続く問題では，（ ）を使ってまとめてたすことで，計算が簡単になることがあります。

1 21+8+12 と式を書いて，前から順にたしてもよいのですが，もらった数をまとめてたしたほうが計算が簡単になり，計算間違いを防ぐことができます。まとめてたすときは，（ ）を使って1つの式に表します。

42 計算の くふう 3つの 数の 計算② りかい

本さつ43ページ

1 [しき] 36 + (7 + 3) = 46
（はじめの子どもの数 36、後から来た女の子の数 7、後から来た男の子の数 3、ぜんぶの子どもの数 46）
[答え] 46人

2 [しき] 18 + (16 + 4) = 38
（きのう食べたクッキーの数 18、今日1回目に食べたクッキーの数 16、今日2回目に食べたクッキーの数 4、ぜんぶのクッキーの数 38）
[答え] 38まい

ポイント

1 後から来た女の子と男の子の人数を，（ ）を使ってまとめてたします。順にたす式36+7+3の計算と比べさせて，どちらのほうが計算が簡単か，考えさせてみるのもよいでしょう。

2 今日食べたクッキーの数を，（ ）を使ってまとめてたします。

43 計算の くふう 3つの 数の 計算② れんしゅう

本さつ44ページ

1 [しき] 74 + (5 + 5) = 84
（はじめの本の数 74、たんじょう日に買ってもらった本の数 5、クリスマスに買ってもらった本の数 5、ぜんぶの本の数 84）
[答え] 84さつ

2 [しき] 9 + (2 + 8) = 19
（はじめの人数 9、のってきた人数 2、その後のってきた人数 8、ぜんぶの人数 19）
[答え] 19人

3 [しき] 42 + (3 + 27) = 72
（きのうおったつるの数 42、けさおったつるの数 3、家にもどってからおったつるの数 27、ぜんぶのつるの数 72）
[答え] 72わ

4 [しき] 67 + (11 + 9) = 87
（きのうまでにひろったあきかんの数 67、なつきさんがひろったあきかんの数 11、弟がひろったあきかんの数 9、ぜんぶのあきかんの数 87）
[答え] 87こ

ポイント

2回続けて増えるたし算の問題です。増えた順にたしていくこともできますが，増えた数をまとめてたすことで計算が簡単になることがあります。まとめてたすときは，（ ）を使って1つの式に表します。

44 計算の くふう 3つの 数の 計算② れんしゅう

本さつ45ページ

1 [しき] 8 + (7 + 43) = 58
（はじめのみかんの数 8、買ったみかんの数 7、もらったみかんの数 43、ぜんぶのみかんの数 58）
[答え] 58こ

2 [しき] 11 + (5 + 35) = 51
（1回目にとんだ回数 11、2回目にとんだ回数 5、3回目にとんだ回数 35、ぜんぶの回数 51）
[答え] 51回

3 [しき] 23 + (14 + 26) = 63
（きのう読んだページ数 23、今日読んだページ数 14、明日読むページ数 26、ぜんぶのページ数 63）
[答え] 63ページ

4 [しき] 37 + (19 + 11) = 67
（はじめのシールの数 37、もらったシールの数 19、その後もらったシールの数 11、ぜんぶのシールの数 67）
[答え] 67まい

ポイント

増えた数をまとめて，（ ）を使って1つの式に表して計算することのよさに気づかせましょう。（ ）を使わずに順にたす計算と比べさせて，どちらのほうが計算が簡単か，考えさせてみるのもよいでしょう。式をいろいろに考えることで，式を立てる力が身につきます。

45 長さ 長さの たし算 りかい

▶▶▶本さつ46ページ

1 [しき]　5cm＋4cm＝9cm
（青いテープの長さ ＋ 白いテープの長さ ＝ あわせたテープの長さ）
[答え]　9cm

ポイント

長さの和を求める問題です。あわせた長さを求めるので，たし算になります。たし算の式に表して，同じ単位どうしをたします。

46 長さ 長さの たし算 りかい

▶▶▶本さつ47ページ

1 [しき]　16cm＋9cm＝25cm
（もっていた竹ひごの長さ ＋ もらった竹ひごの長さ ＝ あわせた竹ひごの長さ）
[答え]　25cm

2 [しき]　2m70cm＋6m20cm＝8m90cm
（赤いリボンの長さ ＋ 青いリボンの長さ ＝ あわせたリボンの長さ）
[答え]　8m90cm

ポイント

長さの和を求める問題です。

1 持っていた竹ひごの長さに，もらった竹ひごの長さをたすと，全部の長さが求められます。

2 あわせた長さを求めるので，たし算になります。たし算の式に表したら，同じ単位どうしをたします。

2m70cm＋6m20cm＝8m90cm

同じ単位どうしを計算することは，位どうしをそろえて計算することと同じ，計算の原則です。しっかり理解させましょう。

47 長さ 長さの たし算 れんしゅう

▶▶▶本さつ48ページ

1 [しき]　7cm＋8cm＝15cm
（白いひもの長さ ＋ 黒いひもの長さ ＝ あわせたひもの長さ）
[答え]　15cm

2 [しき]　14cm＋6cm＝20cm
（まみさんのリボンの長さ ＋ 妹のリボンの長さ ＝ あわせたリボンの長さ）
[答え]　20cm

3 [しき]　40cm5mm＋30cm＝70cm5mm
（はじめのロープの長さ ＋ もらったロープの長さ ＝ ぜんぶのロープの長さ）
[答え]　70cm5mm

4 [しき]　5cm8mm＋12cm＝17cm8mm
（黄色のテープの長さ ＋ みどりのテープの長さ ＝ あわせたテープの長さ）
[答え]　17cm8mm

ポイント

1・**2**　単位がどちらもcmなので，単位を書かないで，**1** 7＋8＝15，**2** 14＋6＝20 としてもよいです。

3・**4**　たし算の式に表したら，同じ単位どうしをたします。

48 長さ 長さの たし算 れんしゅう

▶▶▶本さつ49ページ

1 [しき]　9m＋10m＝19m
（赤い毛糸の長さ ＋ 白い毛糸の長さ ＝ あわせた毛糸の長さ）
[答え]　19m

2 [しき]　3m＋2m＝5m
（3mのぼう ＋ 2mのぼう ＝ つないだぼうの長さ）
[答え]　5m

3 [しき]　6m40cm＋1m50cm＝7m90cm
（はじめのリボンの長さ ＋ もらったリボンの長さ ＝ ぜんぶのリボンの長さ）
[答え]　7m90cm

4 [しき]　1m28cm＋30cm＝1m58cm
（たいちさんのしんちょう ＋ 台の高さ ＝ ゆかからの高さ）
[答え]　1m58cm

ポイント

1・**2**　単位がどちらもmなので，単位を書かないで，**1** 9＋10＝19，**2** 3＋2＝5 としてもよいです。

3・**4**　たし算の式に表したら，同じ単位どうしをたします。

49 長さ 長さの ひき算 りかい

本さつ50ページ

1 [しき] 8cm − 3cm = 5cm
（白いリボンの長さ − 青いリボンの長さ = 長さのちがい）
[答え] 5cm

ポイント

長さの差を求める問題です。違いを求めるので，ひき算になります。長いほうから短いほうをひきます。

50 長さ 長さの ひき算 りかい

本さつ51ページ

1 [しき] 12cm − 5cm = 7cm
（はじめのひもの長さ − 切りとるひもの長さ = のこりのひもの長さ）
[答え] 7cm

2 [しき] 9m70cm − 6m40cm = 3m30cm
（教室のたての長さ − 教室のよこの長さ = 長さのちがい）
[答え] 3m30cm

ポイント

1 残りの長さを求めるので，ひき算になります。はじめのひもの長さから，切り取るひもの長さをひくと，残りの長さを求めることができます。

2 違いを求めるので，ひき算になります。長いほうから短いほうをひきます。ひき算の式に表したら，同じ単位どうしひき算をします。

70cm − 40cm = 30cm

9m70cm − 6m40cm = 3m30cm

9m − 6m = 3m

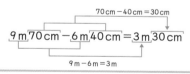

51 長さ 長さの ひき算 れんしゅう

本さつ52ページ

1 [しき] 14cm − 6cm = 8cm
（青いリボンの長さ − 赤いリボンの長さ = 長さのちがい）
[答え] 8cm

2 [しき] 25cm − 13cm = 12cm
（はじめのひもの長さ − 切りとるひもの長さ = のこりのひもの長さ）
[答え] 12cm

3 [しき] 12cm8mm − 11cm4mm = 1cm4mm
（ペンの長さ − えんぴつの長さ = 長さのちがい）
[答え] 1cm4mm

4 [しき] 51cm5mm − 47cm = 4cm5mm
（今日のひまわりの高さ − きのうのひまわりの高さ = 高さのちがい）
[答え] 4cm5mm

ポイント

1・**2** 単位がどちらもcmなので，単位を書かないで，**1** 14−6=8，**2** 25−13=12 としてもよいです。

3・**4** ひき算の式に表したら，同じ単位どうしひき算をします。

52 長さ 長さの ひき算 れんしゅう

本さつ53ページ

1 [しき] 7m − 4m = 3m
（ゆいさんのリボンの長さ − 妹のリボンの長さ = 長さのちがい）
[答え] 3m

2 [しき] 18m − 10m = 8m
（はじめのロープの長さ − つかうロープの長さ = のこりのロープの長さ）
[答え] 8m

3 [しき] 2m90cm − 1m30cm = 1m60cm
（はじめのテープの長さ − 切りとるテープの長さ = のこりのテープの長さ）
[答え] 1m60cm

4 [しき] 3m50cm − 1m20cm = 2m30cm
（黒ばんのよこの長さ − 黒ばんのたての長さ = 長さのちがい）
[答え] 2m30cm

ポイント

1・**2** 単位がどちらもmなので，単位を書かないで，**1** 7−4=3，**2** 18−10=8 としてもよいです。

3・**4** ひき算の式に表したら，同じ単位どうしひき算をします。

53 長さ 長さの たし算と ひき算 りかい

▶▶▶本さつ54ページ

1 [しき] 8cm5mm＋7mm＝9cm2mm
（えんぴつの長さ 8cm5mm／ペンは7mm長い／ペンの長さ 9cm2mm）

[答え] 9cm2mm

ポイント

長いほうの長さを求めるので，たし算になります。たし算の式に表して，同じ単位どうしをたします。
8cm5mm＋7mm＝8cm12mm＝9cm2mm
と，繰り上がりがあるので注意しましょう。

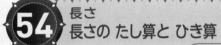

54 長さ 長さの たし算と ひき算 りかい

▶▶▶本さつ55ページ

1 [しき] 3m60cm－90cm＝2m70cm
（へやのよこの長さ 3m60cm／たては90cmみじかい／へやのたての長さ 2m70cm）

[答え] 2m70cm

2 [しき] 2m40cm－1m50cm＝90cm
（はじめのリボンの長さ 2m40cm／切りとったリボンの長さ 1m50cm／のこりのリボンの長さ 90cm）

[答え] 90cm

ポイント

1 短いほうの長さを求めるので，ひき算になります。ひき算の式に表して，同じ単位どうしでひき算をします。60cmから90cmはひけないので，3m60cm＝2m160cmと考えて，ひき算をします。

ここが ニガテ

2 残りの長さを求めるので，ひき算になります。ひき算の式に表したら，同じ単位どうしでひき算をします。繰り下がりに注意して計算しましょう。
2m40cm－1m50cm
＝1m140cm－1m50cm
＝90cm

55 長さ 長さの たし算と ひき算 れんしゅう

▶▶▶本さつ56ページ

1 [しき] 10cm4mm＋9mm＝11cm3mm
（青いテープの長さ 10cm4mm／赤いテープは9mm長い／赤いテープの長さ 11cm3mm）

[答え] 11cm3mm

2 [しき] 1m60cm＋2m50cm＝4m10cm
（黒ばんのたての長さ 1m60cm／よこは2m50cm長い／黒ばんのよこの長さ 4m10cm）

[答え] 4m10cm

3 [しき] 7m20cm－30cm＝6m90cm
（教室のたての長さ 7m20cm／よこは30cmみじかい／教室のよこの長さ 6m90cm）

[答え] 6m90cm

4 [しき] 60cm5mm－15cm8mm＝44cm7mm
（はじめのリボンの長さ 60cm5mm／あげるリボンの長さ 15cm8mm／のこりのリボンの長さ 44cm7mm）

[答え] 44cm7mm

ポイント

3 短いほうの長さを求めるので，ひき算になります。

56 長さの まとめ すきな どうぶつを 見つけよう！

▶▶▶本さつ57ページ

べんきょうした日 月 日
56 長さの まとめ すきな どうぶつを 見つけよう！
▶▶▶答えは べっさつ 14ページ

答えが いちばん 長い もんだいの どうぶつが，れんげさんの すきな どうぶつです。れんげさんの すきな どうぶつは 何でしょうか？

いぬ：赤い 毛糸が 55cm，黒い 毛糸が 35cm あります。毛糸は あわせて 何cm ありますか。
55cm＋35cm＝90cm　90 cm

ねこ：白い テープが 180cm あります。95cm つかうと，のこりは 何cm ですか。
180cm－95cm＝85cm　85 cm

うさぎ：1m40cmの 青い リボンが あります。みどりの リボンは，青い リボンより 45cm みじかいそうです。みどりの リボンは 何cmですか。
1m40cm－45cm＝95cm　95 cm

答え うさぎ

57

57 かさ かさ①

りかい

▶▶▶本さつ58ページ

1 ［しき］ 5L＋3L＝8L
（ポットの水のかさ／やかんの水のかさ／あわせた水のかさ）
［答え］ 8L

2 ［しき］ 7L－4L＝3L
（せんめんきの水のかさ／バケツの水のかさ／かさのちがい）
［答え］ 3L

ポイント

かさの和・差を求める問題です。

1 あわせたかさを求めるので，たし算になります。

2 違いを求めるので，ひき算になります。多いほうから少ないほうをひきます。

58 かさ かさ①

りかい

▶▶▶本さつ59ページ

1 ［しき］ 4dL＋2dL＝6dL
（コップの牛にゅうのかさ／紙パックの牛にゅうのかさ／あわせた牛にゅうのかさ）
［答え］ 6dL

2 ［しき］ 500mL－200mL＝300mL
（のんだジュースのかさ／はじめのジュースのかさ／のこりのジュースのかさ）
［答え］ 300mL

ポイント

1 あわせたかさを求めるので，たし算になります。

2 残りのかさを求めるので，ひき算になります。はじめのジュースのかさから，飲んだジュースのかさをひきます。

59 かさ かさ①

れんしゅう

▶▶▶本さつ60ページ

1 ［しき］ 6L＋3L＝9L
（小さいバケツの水のかさ／大きいバケツの水のかさ／あわせた水のかさ）
［答え］ 9L

2 ［しき］ 2L＋8L＝10L
（入れる水のかさ／はじめの水のかさ／ぜんぶの水のかさ）
［答え］ 10L

3 ［しき］ 5dL＋4dL＝9dL
（紙パックのジュースのかさ／ペットボトルのジュースのかさ／あわせたジュースのかさ）
［答え］ 9dL

4 ［しき］ 100mL＋700mL＝800mL
（買ってきたあぶらのかさ／はじめのあぶらのかさ／ぜんぶのあぶらのかさ）
［答え］ 800mL

ポイント

かさの和を求める問題です。
単位が同じなので，次のように，式に単位を書かなくてもよいです。**1** 6＋3＝9，**2** 2＋8＝10，**3** 5＋4＝9，**4** 100＋700＝800

60 かさ かさ①

れんしゅう

▶▶▶本さつ61ページ

1 ［しき］ 12L－8L＝4L
（小さい水そうの水のかさ／大きい水そうの水のかさ／かさのちがい）
［答え］ 4L

2 ［しき］ 5dL－2dL＝3dL
（コップのお茶のかさ／ポットのお茶のかさ／かさのちがい）
［答え］ 3dL

3 ［しき］ 9dL－3dL＝6dL
（のんだ牛にゅうのかさ／はじめの牛にゅうのかさ／のこりの牛にゅうのかさ）
［答え］ 6dL

4 ［しき］ 900mL－400mL＝500mL
（りんごジュースのかさ／オレンジジュースのかさ／かさのちがい）
［答え］ 500mL

ポイント

かさの差を求める問題です。
単位が同じなので，次のように，式に単位を書かなくてもよいです。**1** 12－8＝4，**2** 5－2＝3，**3** 9－3＝6，**4** 900－400＝500

61 かさ かさ②

りかい

本さつ62ページ

1 [しき] 3L2dL＋1L4dL＝4L6dL
（3L2dL：やかんの水のかさ　1L4dL：水とうの水のかさ　4L6dL：あわせた水のかさ）

[答え] 4L6dL

2 [しき] 1L5dL－3dL＝1L2dL
（1L5dL：はじめのジュースのかさ　3dL：のんだジュースのかさ　1L2dL：のこりのジュースのかさ）

[答え] 1L2dL

ポイント

1 あわせたかさを求めるので，たし算になります。たし算の式に表して，同じ単位どうしをたします。

3L2dL＋1L4dL＝4L6dL

2 残りのかさを求めるので，ひき算になります。ひき算の式に表して，同じ単位どうしでひき算をします。

1L5dL－3dL＝1L2dL

62 かさ かさ②

りかい

本さつ63ページ

1 [しき] 1L6dL＋1L8dL＝3L4dL
（1L6dL：はじめのあぶらのかさ　1L8dL：買ってきたあぶらのかさ　3L4dL：ぜんぶのあぶらのかさ）

[答え] 3L4dL

2 [しき] 3L7dL－1L9dL＝1L8dL
（3L7dL：やかんのお茶のかさ　1L9dL：ポットのお茶のかさ　1L8dL：かさのちがい）

[答え] 1L8dL

ポイント

1 全部のかさを求めるので，たし算になります。
1L6dL＋1L8dL＝2L14dL＝3L4dL

ここが ニガテ

2 違いを求めるので，ひき算になります。ひき算の式に表したら，同じ単位どうしでひき算をします。繰り下がりに注意して計算しましょう。

3L7dL－1L9dL
＝2L17dL－1L9dL
＝1L8dL

63 かさ かさ②

れんしゅう

本さつ64ページ

1 [しき] 1L3dL＋2L6dL＝3L9dL
（1L3dL：ペットボトルの水のかさ　2L6dL：やかんの水のかさ　3L9dL：あわせた水のかさ）

[答え] 3L9dL

2 [しき] 1L7dL＋1L5dL＝3L2dL
（1L7dL：はじめのジュースのかさ　1L5dL：買ってきたジュースのかさ　3L2dL：ぜんぶのジュースのかさ）

[答え] 3L2dL

3 [しき] 1L4dL－2dL＝1L2dL
（1L4dL：はじめの牛にゅうのかさ　2dL：のんだ牛にゅうのかさ　1L2dL：のこりの牛にゅうのかさ）

[答え] 1L2dL

4 [しき] 3L5dL－1L8dL＝1L7dL
（3L5dL：ポットのお茶のかさ　1L8dL：やかんのお茶のかさ　1L7dL：かさのちがい）

[答え] 1L7dL

ポイント

1・2 たし算で求めます。
3・4 ひき算で求めます。

64 かさの まとめ どうぶつレース

本さつ65ページ

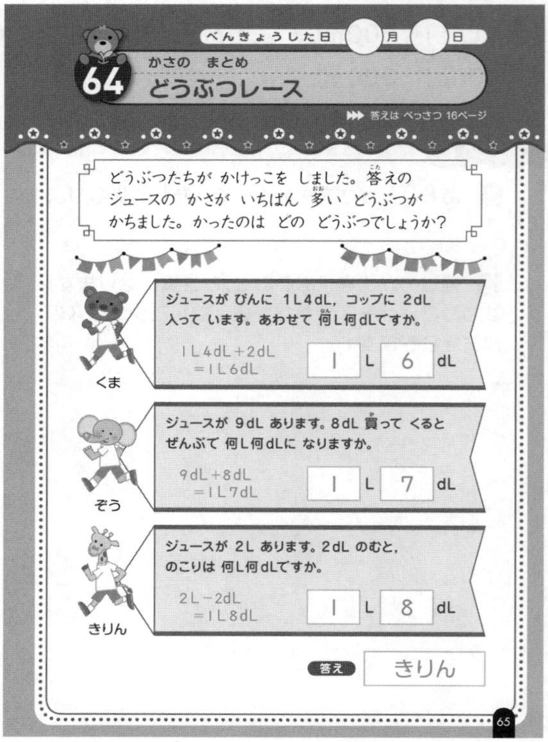
べんきょうした日　月　日

64 かさの　まとめ　どうぶつレース

答えは べっさつ 16ページ

どうぶつたちが かけっこを しました。答えの ジュースの かさが いちばん 多い どうぶつが かちました。かったのは どの どうぶつでしょうか？

くま：ジュースが びんに 1L4dL，コップに 2dL 入って います。あわせて 何L何dLですか。
1L4dL＋2dL
＝1L6dL
1 L 6 dL

ぞう：ジュースが 9dL あります。8dL 買って くると ぜんぶて 何L何dLに なりますか。
9dL＋8dL
＝1L7dL
1 L 7 dL

きりん：ジュースが 2L あります。2dL のむと，のこりは 何L何dLですか。
2L－2dL
＝1L8dL
1 L 8 dL

答え きりん

65

65 かけ算 かけ算①

りかい

▶▶▶本さつ66ページ

1 [しき]　5×4=20
（何ふくろ分）（1ふくろ分のペンの数）（ぜんぶのペンの数）
[答え]　20本

2 [しき]　2×3=6
（何日分）（1日分のページ数）（ぜんぶのページ数）
[答え]　6ページ

ポイント

同じ数のまとまりがいくつかあるとき，全部の数を求めるにはかけ算を使います。
(1つ分の数)×（いくつ分）=（全部の数）

1 1つ分の数が5，いくつ分が4なので，式は5×4=20となります。

2 1つ分の数が2，いくつ分が3なので，式は2×3=6となります。

66 かけ算 かけ算①

りかい

▶▶▶本さつ67ページ

1 [しき]　3×6=18
（何人分）（1人分のクッキーの数）（ぜんぶのクッキーの数）
[答え]　18まい

2 [しき]　4×7=28
（何はこ分）（1はこ分のボールの数）（ぜんぶのボールの数）
[答え]　28こ

ポイント

1 3まいずつの6人分なので，式は，3×6=18となります。
子どもが，6×3=18と書いたときには，(1つ分の数)×(いくつ分)の順番に式を書くように注意させてください。

2 4こずつの7はこ分なので，式は，4×7=28となります。
式を，7×4=28としないように注意させてください。

67 かけ算 かけ算①

れんしゅう

▶▶▶本さつ68ページ

1 [しき]　2×5=10
（何台分）（1台分の人数）（ぜんぶの人数）
[答え]　10人

2 [しき]　3×9=27
（何ふくろ分）（1ふくろ分のりんごの数）（ぜんぶのりんごの数）
[答え]　27こ

3 [しき]　5×6=30
（何日分）（1日分のもんだい数）（ぜんぶのもんだい数）
[答え]　30もん

4 [しき]　4×3=12
（何人分）（1人分のえんぴつの数）（ぜんぶのえんぴつの数）
[答え]　12本

5 [しき]　5×7=35
（何パック分）（1パック分のティッシュペーパーの数）（ぜんぶのティッシュペーパーの数）
[答え]　35はこ

ポイント

(1つ分の数)×(いくつ分)=(全部の数)にあてはめて，式を書きましょう。

68 かけ算 かけ算①

れんしゅう

▶▶▶本さつ69ページ

1 [しき]　2×4=8
（何はこ分）（1はこ分のタオルの数）（ぜんぶのタオルの数）
[答え]　8まい

2 [しき]　3×7=21
（何人分）（1人分の色紙の数）（ぜんぶの色紙の数）
[答え]　21まい

3 [しき]　4×6=24
（何ふくろ分）（1ふくろ分のあめの数）（ぜんぶのあめの数）
[答え]　24こ

4 [しき]　5×2=10
（何台分）（1台分の人数）（ぜんぶの人数）
[答え]　10人

5 [しき]　4×9=36
（いくつ分）（1つ分の人数）（ぜんぶの人数）
[答え]　36人

ポイント

2 3まいずつの7人分なので，式は，3×7=21となります。問題文に出てくる順に，7×3=21と書かないように注意させましょう。

5 4人ずつの9つ分なので，式は，4×9=36となります。

69 かけ算 かけ算①

れんしゅう

▶▶▶本さつ70ページ

1 [しき] 2×7＝14（1人分の画用紙の数 × 何人分 ＝ ぜんぶの画用紙の数）
[答え] 14まい

2 [しき] 3×5＝15（1パック分のプリンの数 × 何パック分 ＝ ぜんぶのプリンの数）
[答え] 15こ

3 [しき] 4×8＝32（1グループ分の人数 × 何グループ分 ＝ ぜんぶの人数）
[答え] 32人

4 [しき] 3×4＝12（1そう分の人数 × 何そう分 ＝ ぜんぶの人数）
[答え] 12人

5 [しき] 5×9＝45（1人分のみかんの数 × 何人分 ＝ ぜんぶのみかんの数）
[答え] 45こ

ポイント

(1つ分の数)×(いくつ分)＝(全部の数) にあてはめて，式を書きましょう。問題文をよく読んで，どれが「1つ分の数」か，「いくつ分」かをしっかり読み取らせてください。

70 かけ算 かけ算②

りかい

▶▶▶本さつ71ページ

1 [しき] 6×3＝18（1ふくろ分の食パンの数 × 何ふくろ分 ＝ ぜんぶの食パンの数）
[答え] 18まい

2 [しき] 7×5＝35（1人分のいちごの数 × 何人分 ＝ ぜんぶのいちごの数）
[答え] 35こ

ポイント

1 6まいずつの3ふくろ分なので，式は，6×3＝18 となります。

2 7こずつの5人分なので，式は，7×5＝35 となります。

71 かけ算 かけ算②

りかい

▶▶▶本さつ72ページ

1 [しき] 8×6＝48（1人分のつるの数 × 何人分 ＝ ぜんぶのつるの数）
[答え] 48わ

2 [しき] 9×4＝36（1チーム分の人数 × 何チーム分 ＝ ぜんぶの人数）
[答え] 36人

ポイント

1 8わずつの6人分なので，式は，8×6＝48 となります。

2 9人ずつの4チーム分なので，式は，9×4＝36 となります。

72 かけ算 かけ算②

れんしゅう

▶▶▶本さつ73ページ

1 [しき] 7×6＝42（1日分のページ数 × 何日分 ＝ ぜんぶのページ数）
[答え] 42ページ

2 [しき] 6×4＝24（1パック分のノートの数 × 何パック分 ＝ ぜんぶのノートの数）
[答え] 24さつ

3 [しき] 8×7＝56（1まい分の画用紙のねだん × 何まい分 ＝ ぜんぶのだい金）
[答え] 56円

4 [しき] 9×2＝18（1人分のにもつの数 × 何人分 ＝ ぜんぶのにもつの数）
[答え] 18こ

5 [しき] 8×5＝40（1人分のカードの数 × 何人分 ＝ ぜんぶのカードの数）
[答え] 40まい

ポイント

(1つ分の数)×(いくつ分)＝(全部の数) にあてはめて，式を書きましょう。

5 8まいずつの5人分なので，式は，8×5＝40 となります。問題文に出てくる順に，5×8＝40 としないように注意させましょう。

73 かけ算 かけ算② れんしゅう

▶▶▶本さつ74ページ

1 [しき] 7×4＝28
（1週間の日数 × 何週間分 ＝ ぜんぶの日数）
[答え] 28日

2 [しき] 6×8＝48
（1たばの花の数 × 何たば分 ＝ ぜんぶの花の数）
[答え] 48本

3 [しき] 8×3＝24
（1つ分の人数 × いくつ分 ＝ ぜんぶの人数）
[答え] 24人

4 [しき] 9×6＝54
（1人分のあめの数 × 何人分 ＝ ぜんぶのあめの数）
[答え] 54こ

5 [しき] 7×9＝63
（1台分の人数 × 何台分 ＝ ぜんぶの人数）
[答え] 63人

ポイント

(1つ分の数)×(いくつ分)＝(全部の数)にあてはめて，式を書きましょう。

3 8人ずつの3つ分なので，式は，
8×3＝24 となります。

74 かけ算 かけ算② れんしゅう

▶▶▶本さつ75ページ

1 [しき] 6×7＝42
（1はこ分のりんごの数 × 何はこ分 ＝ ぜんぶのりんごの数）
[答え] 42こ

2 [しき] 9×3＝27
（1つ分の人数 × いくつ分 ＝ ぜんぶの人数）
[答え] 27人

3 [しき] 7×2＝14
（1本分の長さ × 何本分 ＝ ぜんぶの長さ）
[答え] 14cm

4 [しき] 8×4＝32
（1人分の色紙の数 × 何人分 ＝ ぜんぶの色紙の数）
[答え] 32まい

5 [しき] 9×8＝72
（1れつ分の人数 × 何れつ分 ＝ ぜんぶの人数）
[答え] 72人

ポイント

4 8まいずつの4人分なので，式は，
8×4＝32 となります。

75 かけ算 かけ算③ りかい

▶▶▶本さつ76ページ

1 [しき] 6×5＝30
（1年生の人数 × 何ばい ＝ 2年生の人数）
[答え] 30人

2 [しき] 8×3＝24
（さとこさんの色紙の数 × 何ばい ＝ お姉さんの色紙の数）
[答え] 24まい

ポイント

1 「5つ分」のことを「5倍」ともいいます。
「何倍」の数も，かけ算で求めます。
6人の5倍なので，式は，
6×5＝30 となります。

2 8まいの3倍なので，式は，
8×3＝24 となります。

76 かけ算 かけ算③ りかい

▶▶▶本さつ77ページ

1 [しき] 4×9＝36
（りんごの数 × 何ばい ＝ みかんの数）
[答え] 36こ

2 [しき] 3×7＝21
（青いリボンの長さ × 何ばい ＝ 赤いリボンの長さ）
[答え] 21cm

ポイント

1 4この9倍なので，式は，
4×9＝36 となります。

2 3cmの7倍なので，式は，
3×7＝21 となります。

問題文をよく読んで，(1つ分の数)×(何倍)＝(全部の数)にあてはめて，式を書きましょう。

77 かけ算 かけ算③

れんしゅう

▶▶▶本さつ78ページ

1 [しき]　8×8＝64
（何ばい　買った本の数　家にある本の数）
[答え]　64さつ

2 [しき]　9×5＝45
（何ばい　1回目にとんだ回数　2回目にとんだ回数）
[答え]　45回

3 [しき]　4×6＝24
（何ばい　ケーキの数　プリンの数）
[答え]　24こ

4 [しき]　7×4＝28
（何ばい　子どもの人数　おとなの人数）
[答え]　28人

ポイント

「何倍」の数は，かけ算で求めます。
(1つ分の数)×(何倍)＝(全部の数)にあてはめて，式を書きましょう。

78 かけ算 かけ算③

れんしゅう

▶▶▶本さつ79ページ

1 [しき]　2×6＝12
（何ばい　きのう食べたクッキーの数　今日食べたクッキーの数）
[答え]　12まい

2 [しき]　5×4＝20
（何ばい　小テーブルの人数　大テーブルの人数）
[答え]　20人

3 [しき]　9×9＝81
（何ばい　画用紙1まいのねだん　ノートのねだん）
[答え]　81円

4 [しき]　6×7＝42
（何ばい　妹のカードの数　みきさんのカードの数）
[答え]　42まい

ポイント

2 5人の4倍なので，式は，
5×4＝20 となります。

4 6まいの7倍なので，式は，
6×7＝42 となります。

79 かけ算 たし算，ひき算と かけ算

りかい

▶▶▶本さつ80ページ

1 [しき]　5×3＝15
（何こ分　あめ1このねだん　あめのだい金）
15＋30＝45
（グミのだい金　あめのだい金　ぜんぶのだい金）
[答え]　45円

2 [しき]　7×7＝49
（何人分　1人分のえんぴつの数　くばったえんぴつの数）
49＋4＝53
（のこりのえんぴつの数　くばったえんぴつの数　ぜんぶのえんぴつの数）
[答え]　53本

ポイント

かけ算とたし算の複合問題です。2段階に分けて式を立てていくので，問題文をよく読んで整理させてください。

1 はじめに，あめ3こ分の代金をかけ算で求めてから，グミの代金をたします。

2 はじめに，配った鉛筆の数をかけ算で求めます。全部の鉛筆の数は，配った鉛筆の数に残った鉛筆の数をたして求められます。

80 かけ算 たし算，ひき算と かけ算

りかい

▶▶▶本さつ81ページ

1 [しき]　4×2＝8
（何ふくろ分　1ふくろ分のクッキーの数　はじめのクッキーの数）
8－2＝6
（あげたクッキーの数　はじめのクッキーの数　のこりのクッキーの数）
[答え]　6まい

2 [しき]　8×9＝72
（何まい分　色紙1まいのねだん　色紙のだい金）
90－72＝18
（色紙のだい金　もっているお金　のこりのお金）
[答え]　18円

ポイント

1 まず，はじめにあったクッキーの数をかけ算で求めます。次に，友だちにあげたクッキーの数をひきます。

2 はじめに，色紙9まい分の代金をかけ算で求めます。次に，持っているお金から色紙の代金をひきます。

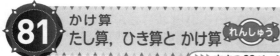

81 かけ算 たし算，ひき算と かけ算 れんしゅう

本さつ82ページ

1 [しき] 3×4＝12（何人分／1人分の色紙の数）　12＋2＝14（くばった色紙の数／あまった色紙の数＝ぜんぶの色紙の数）
[答え] 14まい

2 [しき] 7×8＝56（いくつ分／1つ分の人数）　56＋4＝60（すわれる人数／すわれなかった人数＝ぜんぶの人数）
[答え] 60人

3 [しき] 5×6＝30（何はこ分／1はこ分のケーキの数）　30＋4＝34（入れたケーキの数／あまったケーキの数＝ぜんぶのケーキの数）
[答え] 34こ

4 [しき] 6×9＝54（何まい分／色紙1まいのねだん）　54＋40＝94（色紙のだい金／のりのだい金＝ぜんぶのだい金）
[答え] 94円

ポイント

1 はじめに，配った色紙の数をかけ算で求めてから，余った2まいの色紙をたします。

ここが ニガテ

2 問題文をよく読んで整理させます。「7人ずつ」すわれる長いすが「8つ」あるので，7×8＝56で，全部で56人すわれます。長いすにすわれなかった子ども4人をたすと，全部の子どもの数が求められます。

82 かけ算 たし算，ひき算と かけ算 れんしゅう

本さつ83ページ

1 [しき] 2×8＝16（何ふくろ分／1ふくろ分のシールの数）　16−5＝11（ぜんぶのシールの数−あげたシールの数＝のこりのシールの数）
[答え] 11まい

2 [しき] 4×5＝20（何はこ分／1はこ分のチョコレートの数）　20−8＝12（ぜんぶのチョコレートの数−食べたチョコレートの数＝のこりのチョコレートの数）
[答え] 12こ

3 [しき] 9×7＝63（何日分／1日に読むページ数）　70−63＝7（ぜんぶのページ数−読むページ数の合計＝のこりのページ数）
[答え] 7ページ

4 [しき] 6×6＝36（何人分／1人分のあめの数）　50−36＝14（ぜんぶのあめの数−くばるあめの数＝のこりのあめの数）
[答え] 14こ

ポイント

3 はじめに，7日間で読むページ数をかけ算で求めます。次に，全部のページ数から読むページ数をひくと，残りのページ数が求められます。

83 かけ算 かけ算④ りかい

本さつ84ページ

1 ① 3 ふえる

② [しき] 3×8＝24（いくつ分／1つ分の人数＝ベンチにすわれる人数）
[答え] 24人

ポイント

① かけ算では，かける数が1増えると，答えはかけられる数だけ増えます。九九の表を見て，もう一度確認させましょう。

84 かけ算 かけ算④ りかい

本さつ85ページ

1 ① 4 ふえる

② [しき] 4×12＝48（何ふくろ分／1ふくろ分のカードの数＝ぜんぶのカードの数）
[答え] 48まい

2 [しき] 7×11＝77（何はこ分／1はこ分のりんごの数＝ぜんぶのりんごの数）
[答え] 77こ

ポイント

九九をこえたかけ算の問題です。かける数が10，11，12，…と増えていったときも，式の立て方は同じです。
(1つ分の数)×(いくつ分)＝(全部の数)にあてはめて，式を書きましょう。

2 7こずつの11はこ分なので，式は，
7×11＝77
となります。
答えは，**1**と同じように考えて求めます。
7×9＝63
7×10＝70　（7増える）
7×11＝77　（7増える）
かけられる数が7なので，かける数が1増えると，答えは7増えることを確認させましょう。

85 かけ算 かけ算④

れんしゅう

▶▶▶本さつ86ページ

1 ① [しき] 5×9＝45

（何人分：9　1人分のえんぴつの数：5　ぜんぶのえんぴつの数：45）

[答え] 45本

② [答え] 5本

2 [しき] 2×12＝24

（何台分：12　1台分の人数：2　ぜんぶの人数：24）

[答え] 24人

3 [しき] 4×11＝44

（何はこ分：11　1はこ分のメロンの数：4　ぜんぶのメロンの数：44）

[答え] 44こ

4 [しき] 6×12＝72

（何日分：12　1日分のもんだい数：6　ぜんぶのもんだい数：72）

[答え] 72もん

ポイント

九九をこえたかけ算でも，式は(1つ分の数)×(いくつ分)＝(全部の数)にあてはめます。

86 かけ算の まとめ 2人は どこへ 行くのかな？

▶▶▶本さつ87ページ

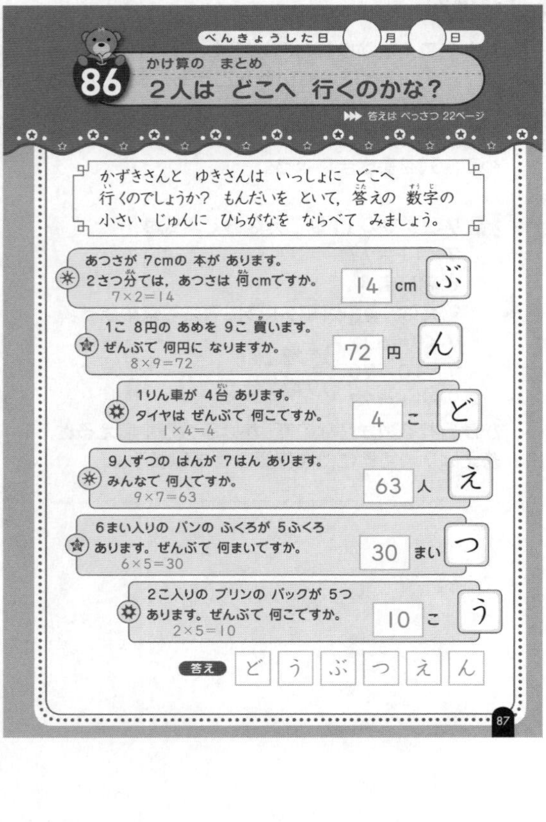
べんきょうした日　月　日

86 かけ算の　まとめ　2人は　どこへ　行くのかな？

答えは べっさつ 22ページ

かずきさんと ゆきさんは いっしょに どこへ 行くのでしょうか？ もんだいを といて，答えの 数字の 小さい じゅんに ひらがなを ならべて みましょう。

あつさが 7cmの 本が あります。2さつ分では，あつさは 何cmですか。　14 cm　ぶ
7×2＝14

1こ 8円の あめを 9こ 買います。ぜんぶで 何円に なりますか。　72 円　ん
8×9＝72

1りん車が 4台 あります。タイヤは ぜんぶで 何こですか。　4 こ　ど
1×4＝4

9人ずつの はんが 7はん あります。みんなで 何人ですか。　63 人　え
9×7＝63

6まい入りの パンの ふくろが 5ふくろ あります。ぜんぶで 何まいですか。　30 まい　つ
6×5＝30

2こ入りの プリンの パックが 5つ あります。ぜんぶで 何こですか。　10 こ　う
2×5＝10

答え　ど う ぶ つ え ん

87

87 いろいろな もんだい たし算かな，ひき算かな

りかい

▶▶▶本さつ88ページ

1 [しき] 24－17＝7

（はじめの色紙の数：24　つかった色紙の数：17　のこりの色紙の数：7）

[答え] 7まい

2 [しき] 52－38＝14

（ぜんぶのあめの数：52　もらったあめの数：38　はじめのあめの数：14）

[答え] 14こ

ポイント

1 使った色紙の数を求める問題です。はじめの色紙の数から，残りの色紙の数をひくと，使った色紙の数が求められます。図を見て，式の立て方を確認させましょう。

2 「もらった」という言葉から，たし算と間違えやすい問題です。持っているあめの数に，もらったあめの数をたすと，全部のあめの数になるので，もらった数は，全部の数から持っている数をひいて求めます。

88 いろいろな もんだい たし算かな，ひき算かな

りかい

▶▶▶本さつ89ページ

1 [しき] 43－15＝28

（ぜんぶの子どもの数：43　はじめの子どもの数：15　後から来た子どもの数：28）

[答え] 28人

2 [しき] 25＋6＝31（6＋25＝31）

（のこりのみかんの数：25　食べたみかんの数：6　はじめのみかんの数：31）

[答え] 31こ

ポイント

1 はじめに公園にいた子どもの数を求める問題です。「後から 来た」という言葉から，たし算と間違えやすいですが，図を見るとわかるように，ひき算で求めます。

2 食べる前の数は，たし算で求められます。「食べた」という言葉から，ひき算と間違えやすいです。式を立てるのが難しい子どもには，図をかいて説明するとよいでしょう。図には，わかっている数を書き入れて，求める数を□で表すようにします。式は，食べた数に残りの数をたして，6＋25＝31としてもよいです。

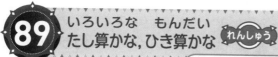

89 いろいろな　もんだい たし算かな，ひき算かな　れんしゅう

本さつ90ページ

1 [しき]　18－11＝7
（のこりの画用紙の数＝はじめの画用紙の数－つかった画用紙の数）
[答え]　7まい

2 [しき]　40cm－16cm＝24cm
（のこりのリボンの長さ＝はじめのリボンの長さ－つかったリボンの長さ）
[答え]　24cm

3 [しき]　30－24＝6
（はじめのおはじきの数＝ぜんぶのおはじきの数－もらったおはじきの数）
[答え]　6こ

4 [しき]　27－15＝12
（はじめのはとの数＝ぜんぶのはとの数－とんできたはとの数）
[答え]　12わ

ポイント

1 はじめの画用紙の数から，残りの画用紙の数をひくと，使った画用紙の数が求められます。

2 単位がどちらもcmなので，式は40－16＝24でもよいです。

3 もらったおはじきの数は，全部のおはじきの数からはじめのおはじきの数をひいて求めます。

90 いろいろな　もんだい たし算かな，ひき算かな　れんしゅう

本さつ91ページ

1 [しき]　25－12＝13
（後から来た子どもの数＝ぜんぶの子どもの数－はじめの子どもの数）
[答え]　13人

2 [しき]　14－6＝8
（買ってきたジュースの数＝ぜんぶのジュースの数－はじめのジュースの数）
[答え]　8本

3 [しき]　19＋8＝27（8＋19＝27）
（食べたいちごの数＝のこりのいちごの数＋はじめのいちごの数）
[答え]　27こ

4 [しき]　21＋7＝28（7＋21＝28）
（あげたシールの数＝のこりのシールの数＋はじめのシールの数）
[答え]　28まい

ここが ニガテ

2 「買って きた」という言葉にとらわれて，たし算にしないように注意します。はじめのジュースの数は，全部の数から買ってきた数をひいて求めます。

91 いろいろな　もんだい じゅんばん　りかい

本さつ92ページ

1 [しき]　8＋7＋1＝16
（たかしさんの前の人数＋たかしさんの後ろの人数＋たかしさん＝ぜんぶの人数）
[答え]　16人

2 [しき]　12－2－1＝9
（ぜんぶの人数－ゆきさんの前の人数－ゆきさん＝ゆきさんの後ろの人数）
[答え]　9人

ポイント

1 たかしさんの前の人数と，たかしさんの後ろの人数と，たかしさんをたすと，全部の人数が求められます。たかしさんをたすのを忘れないように，注意しましょう。

2 全部の人数から，ゆきさんの前の人数と，ゆきさんをひくと，ゆきさんの後ろの人数が求められます。
図をよく見て，問題文の意味を確認させるとよいでしょう。

92 いろいろな　もんだい じゅんばん　りかい

本さつ93ページ

1 [しき]　5＋9－1＝13
（左から5番目＋右から9番目－2回数えているので1回分ひく＝ぜんぶの本の数）
[答え]　13さつ

2 [しき]　6＋4－1＝9
（前から6番目＋後ろから4番目－2回数えているので1回分ひく＝ぜんぶの人数）
[答え]　9人

ポイント

1 図を見るとわかるように，5＋9＝14とすると，物語の本を2回数えていることになるので，5＋9－1＝13とします。

2 1と同じように，かおるさんを2回数えているので，6＋4＝10ではなく，6＋4－1＝9とします。

93 いろいろな　もんだい　じゅんばん　れんしゅう

本さつ94ページ

1 [しき]　9+4+1=14（9+1+4=14）
（ひろとさんの後ろの人数　ぜんぶの人数／ひろとさんの前の人数　ひろとさん）
[答え]　14人

2 [しき]　8+15+1=24（8+1+15=24）
（かえでさんの後ろの人数　ぜんぶの人数／かえでさんの前の人数　かえでさん）
[答え]　24人

3 [しき]　16+13+1=30（16+1+13=30）
（あらたさんの右の人数　ぜんぶの人数／あらたさんの左の人数　あらたさん）
[答え]　30人

4 [しき]　3+11+1=15（3+1+11=15）
（めぐみさんの後ろの人数　ぜんぶの人数／めぐみさんの前の人数　めぐみさん）
[答え]　15人

ポイント

1 ひろとさんをたすのを忘れないようにします。式は，9+1+4=14 でもよいです。

3 左の16人と右の13人に，あらたさんをたすので，16+13+1=30 となります。

4 めぐみさんの前の3人と後ろの11人にめぐみさんをたすと，組の女の子の人数になります。

94 いろいろな　もんだい　じゅんばん　れんしゅう

本さつ95ページ

1 [しき]　18−10−1=7（18−1−10=7）
（れいなさんの前の人数　れいなさんの後ろの人数／ぜんぶの人数　れいなさん）
[答え]　7人

2 [しき]　14−5−1=8（14−1−5=8）
（ゆうじさんの後ろの人数　ゆうじさんの前の人数／ぜんぶの人数　ゆうじさん）
[答え]　8人

3 [しき]　8＋6−1＝13
（右から6番目　ぜんぶの本の数／左から8番目　2回数えているので1回分ひく）
[答え]　13さつ

4 [しき]　12＋7−1＝18
（右から7番目　ぜんぶの人数／左から12番目　2回数えているので1回分ひく）
[答え]　18人

ポイント

3 8+6=14 とすると，童話の本を2回数えていることになるので，8+6−1=13 とします。

4 12+7=19 とすると，たまきさんを2回数えていることになるので，12+7−1=18 とします。

95 いろいろな もんだいの まとめ　かくれて いる 字は 何かな？

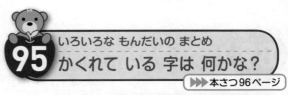

本さつ96ページ

べんきょうした日　月　日

いろいろな もんだいの まとめ
95 かくれて いる 字は 何かな？

答えは べっさつ 24ページ

もんだいを といて，答えの 数字の ところに 色を ぬりましょう。何の 字が かくれて いるかな？

子どもが 1れつに ならんで います。
さきさんの 前には 3人，後ろには 5人 います。
みんなで 何人 ならんで いますか。　9 人
3+5+1=9

本だなに 本が ならんで います。どうわの 本は
左から 4番目で，右から 7番目です。
本は ぜんぶで 何さつ ならんで いますか。　10 さつ
4+7−1=10

バスていに 人が 12人 ならんで います。
なおとさんの 後ろに 6人 います。
なおとさんの 前には 何人 いますか。　5 人
12−6−1=5

9	5	9	10	5
10	8	5	7	9
9	10	10	5	10
5	11	8	8	5
10	6	7	11	9

答え　円